JOURNAL FÜR HIRNFORSCHUNG

INTERNATIONALES JOURNAL FÜR NEUROBIOLOGIE
INTERNATIONAL JOURNAL OF NEUROBIOLOGY
JOURNAL INTERNATIONAL DE NEUROBIOLOGIE

BEGRÜNDET VON CÉCILE UND OSKAR VOGT

Unter Mitwirkung des Cécile und Oskar Vogt Instituts für Hirnforschung in Düsseldorf
und der Arbeitsgemeinschaft für vergleichende Neuroanatomie
der Fédération mondiale de Neurologie (World Federation of Neurology)

BAND 13 · HEFT 3 · 1971/72

AKADEMIE-VERLAG · BERLIN

Inhalt des Heftes 3

Im JOURNAL FÜR HIRNFORSCHUNG werden Arbeiten aus dem Gesamtgebiet der normalen Morphologie (Anatomie, Histologie, Cytologie, Elektronenmikroskopie, Histochemie) und der Entwicklungsgeschichte des Nervensystems unter Einschluß experimentell-anatomischer Arbeiten veröffentlicht. Neurophathologische Arbeiten werden nur angenommen, wenn sie Beiträge zur normalen Struktur, den Strukturwandlungen oder deren funktionellen Bedeutungen enthalten. Zum Publikationsgebiet des JOURNAL FUER HIRNFORSCHUNG gehören auch Arbeiten, die sich mit der Zuordnung experimenteller Reiz- und Ausfallerscheinungen bzw. klinischen Symptomen zu bestimmten Strukturen des Gehirns („Lokalisationslehre") befassen. Als spezielles Publikationsgebiet ist die vergleichende Neurobiologie vorgesehen.

The JOURNAL FÜR HIRNFORSCHUNG will publish studies on normal morphology (anatomy, histology, cytology, electron microscopy, histochemistry), on the development of the nervous system, as well experimental anatomical studies. Neuropathological studies will only be published if they contribute to the knowledge of normal structures structural changes or their functional significance. Papers dealing with the cerebral localization of experimental excitation and deficit phenomena or clinical symptoms (localization theory) will also be published by the JOURNAL FUER HIRNFORSCHUNG. A special part of the publication is reserved for comparative neurobiology.

Le JOURNAL FÜR HIRNFORSCHUNG publiera des études sur la morphologie normale (anatomie, histologie, cytologie, microscopie électronique, histochimie), sur le développement du système nerveux ainsi que des études anatomiques expérimentales. Des études neuropathologiques seront seulement acceptées quand elles contribuent à la connaissance des structures normales, des changements structurels ou de leur signification fonctionelle. Des études sur la localisation cérebrale de phénoménes expérimentaux ou cliniques d'excitation ou de déficit (doctrine des localisations) seront également publiées par le JOURNAL FUER HIRNFORSCHUNG. Une partie spéciale sera réservée à la neurobiologie comparée.

Verantwortlich für den Inhalt Prof. Dr. I. Anthony, Paris; Prof. Dr. A. Hopf, 4 Düsseldorf; Prof. Dr. W. Kirsche, DDR-104 Berlin Prof. Dr. J. Szentágothai, Budapest.
Verlag: Akademie-Verlag GmbH, 108 Berlin, Leipziger Straße 3–4.
(Fernruf: 200441, Telex-Nr. 0112020; Postscheckkonto: Berlin 35021. Bestellnummer dieses Heftes: 1018/13/3.
Das „Journal für Hirnforschung" erscheint sechsmal jährlich. 6 Hefte bilden einen Band.
Preis je Einzelheft 25,— M. Der Preis für einen Band beträgt 150,— M.
Satz und Druck: VEB Druckhaus „Maxim Gorki", 74 Altenburg.
Veröffentlicht unter der Lizenznummer 1326 des Presseamtes beim Vorsitzenden des Ministerrates der Deutschen Demokratischen Republik.
Printed in the German Democratic Republic.

JOURNAL FÜR HIRNFORSCHUNG

Internationales Journal für Neurobiologie

BAND 13 | Heft 3 | 1971/72

Aus dem Dr. Senckenbergischen Anatomischen Institut der Universität in Frankfurt/Main
Direktor: Professor Dr. med. D. STARCK

Über die Größe der Frischvolumina von Prosencephalon, neocorticalem Anteil und Hippocampusformation bei 19 Wildschweinen und 16 Hausschweinen[1][2]

Von

WILFRIED KOHLGRÜBER

Mit 23 Abbildungen und 3 Tabellen

Einleitung

DARWIN (1868) erkannte schon früh, daß Pflanzen und Tiere im Zustand der Domestikation einen besonders hohen Grad an Variabilität besitzen; er stützte hierauf den wichtigsten Teil seiner Beweisführung für die Evolution der Arten. Damit erstreckte sich die Erforschung der Domestikation auf die Haustierkunde; denn diese ist definitionsgemäß zoologische Domestikationsforschung (HERRE 1949). „Um weiter in das Wesen der Domestikation eindringen zu können, sind Studien am Gehirn nötig" (HERRE 1958). Im Wesentlichen wurden bisher interessante Unterschiede im Gesamthirn zwischen Wild- und Domestikationsformen beschrieben. RAWIEL (1939), HERRE (1936), LUNAU (1956) und KRUSKA (1970) führten Untersuchungen an Schweinegehirnen aus. Sie fanden eine zum Teil erhebliche Gehirnreduktion in der Domestikation. Cytoarchitektonische Studien wurden an Einzelgehirnen ausgeführt.

Die weitere biometrische Analyse muß sich mit den einzelnen Hirnregionen beschäftigen, denn ein Unterschied zwischen Summengrößen kann entstehen, indem alle oder nur einige Summanden kleiner werden. Theoretisch denkbar wäre, daß einzelne Hirnregionen während der Domestikation kleiner, andere aber größer geworden sind.

Folgende Problemstellungen ergeben sich aus diesen Überlegungen:

1. Wie groß sind die Frischvolumina (mittleres Frischvolumen ± Standardfehler des Mittelwertes) von Prosencephalon, neocorticalem Anteil, „Rest"prosencephalon (Def. s. später) und Hippocampusformation der Wild- und Hausschweingehirne, und lassen sich die Unterschiede statistisch sichern?

2. Ist ein Geschlechtsdimorphismus in der Stichprobe zu sichern?

[1]) Thema und Leitung der Arbeit: Prof. Dr. med. H.-J. KRETSCHMANN.

[2]) Durchgeführt mit Unterstützung der Deutschen Forschungsgemeinschaft.

3. Besteht in der Stichprobe ein gesicherter Alterseinfluß auf das Gesamthirnfrischvolumen und die Teilfrischvolumina bei den Wild- und Hausschweinen?

4. Gibt es gesicherte Korrelationen zwischen diesen Hirnregionen und dem Gesamthirn bei den Wild- und Hausschweinen?

Material

35 Schweinegehirne, davon 19 Wildschweingehirne (10 ♂; 9 ♀) und 16 Hausschweingehirne (7 ♂; 9 ♀) wurden bearbeitet. Die Altersbestimmung bei den Schweinen erfolgte nach dem Gebißstatus und der Abrasion der Kauflächen (Engelberg 1917; Virchow 1937; Habermehl 1961). Obwohl eine absolut sichere Altersbestimmung nach Merkmalen am Tierkörper bis zum heutigen Tag nicht möglich ist, haben sich der Zeitpunkt für den Durchbruch und den Wechsel der Zähne sowie die Abnutzungserscheinungen am Gebiß als sicherste und zuverlässigste Kriterien erwiesen (Habermehl 1961). Daher wurde von jedem erlegten oder geschlachteten Tier ein Gebißstatus mit in das Protokoll aufgenommen und nach den Tabellen von Habermehl (S. 128, 185) das Alter bestimmt.

Abbildung 1 zeigt die Aufteilung der Gehirne nach Geschlechts- und Altersgruppen. Die Stichproben wurden nach möglichst ähnlichem Alter zusammenzustellen, wobei der Mittelwert bei den Wildschweinen mit 22 $\pm$ 2 Monaten nicht signifikant verschieden von dem der Hausschweine war (20 $\pm$ 3 Monate).

Das gesamte Wildschweinmaterial stammt aus dem Wildpark des Fürsten von Ysenburg in Wirtheim (Hessen). Etwa 1—2 Stunden nachdem die Tiere erlegt worden waren, wurden die Gehirne herauspräpariert und darauf geachtet, daß nur solche am gleichen Tag noch weiterverarbeitet wurden, die keinerlei cerebrale Schußverletzungen oder schon äußerlich sichtbare pathologische Befunde aufwiesen.

Mit Ausnahme von K 14 entstammen die Hausschweingehirne alle Tieren aus dem Städtischen Schlachthof Frankfurt/Main. Hier betrug die Zeit zwischen dem Schlachten der Tiere und dem Herauspräparieren der Gehirne weniger als eine Stunde. Auch dieses Material wurde anschließend sofort weiterverarbeitet.

Bei den Hausschweinen handelte es sich ausschließlich um veredelte deutsche Landschweine.

Methode

Die Gehirne wurden jeweils an dem Ort herauspräpariert, an dem die Tiere geschlachtet bzw. erlegt wurden. Nachdem die Weichteile des Craniums entfernt worden waren, wurde der Knochen mit einer der gebräuchlichen Fleischersägen aufgesägt. (Schnittführung:

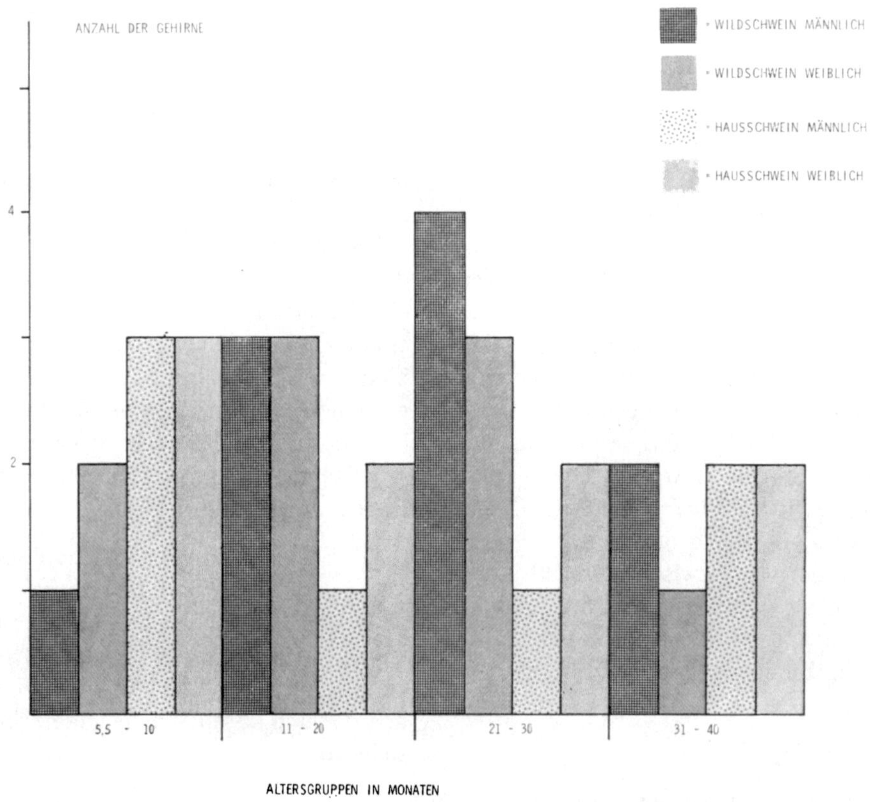

Abb. 1. Verteilung der 19 Wild- und 16 Hausschweingehirne nach Geschlechts- und Altersgruppen.

Von den Condyli occipitales beidseitig zum oberen Rand des Os zygomaticum und durch das untere Drittel der Orbita). Die Schädelkalotte wurde anschließend „abgesprengt", das Periost und die harte Hirnhaut entlang der Falx cerebri geschlitzt und das Gehirn herauspräpariert. Die Durchtrennung zur Medulla spinalis erfolgte jeweils dicht caudal des Foramen magnum.

Das frische Gehirn wurde mit den weichen Hirnhäuten und den Gefäßen gewogen (Waage: Mettler K 5), anschließend mit einem Mantel von 40%iger, mit Titandioxyd angefärbter Gelatinelösung umgeben. Diesem Mantel kommen zweierlei Aufgaben zu. Einmal soll er verhindern, daß der Gefriervorgang auch auf das Gehirn übergreift, zum anderen hebt sich die dunkle Rinde deutlicher gegenüber der weiß angefärbten Gelatine ab. Dieser Gehirn-Mantelkern wurde anschließend in einen 24 × 10 × 10 cm großen Plastikbehälter — dessen Boden vorher schon mit einer konstanten Schichtdicke erstarrter 15%iger Gelatinelösung beschichtet war — in einer fronto-occipitalen Richtung eingebettet, daraufhin der Behälter mit 15%iger Gelatinelösung aufgefüllt.

Beim anschließenden Gefriervorgang in der Tiefkühltruhe wurde darauf geachtet, daß die Gefriergrenze zum Gehirn-Mantelkern nicht überschritten wurde. Dabei diente der 40%ige Gelatinemantel als ausgezeichneter Kälteisolator. Der Gefriervorgang der äußeren Gelatineschicht dauerte ca. 6 Stunden, anschließend waren die Gehirne schnittfertig.

Der weitere Arbeitsvorgang entspricht der von Kretschmann und Vossius (1968a) beschriebenen Nativmakrotomie. Das von der Firma Bizerba Messkirch entwickelte Nativmakrotom NMT wurde nur insoweit modifiziert, als auf die Schubplatte — die den Gehirn-Gelatineblock nach vorn transportiert — der Tiefkühltisch (bis max. —30 °C) eines Kryomaten (Leitz, Wetzlar) montiert wurde. Dies hatte den Vorteil, daß der Gelatineblock an dieser Stelle nicht auftaute, die Schnittgenauigkeit sich demnach erhöhte und die Temperatur der Kühlkammer, in der sich die Anlage befand, von 5 °C auf ca. 12 °C erhöht werden konnte.

Der Gehirn-Gelatineblock wird auf den Tisch des Makrotoms gelegt, eine Scheibe von einem Millimeter abgeschnitten und anschließend die im Block liegende Schnittfläche mit einer Kleinbildkamera fotografiert. Pro Gehirn ergeben sich ca. 70—100 Schnitte. Die weitere Verarbeitung des photographischen Materials erfolgte unter Benutzung einer Ilfoprint Verarbeitungsmaschine (Fa. Ciba-Ilfoprint, GmbH Neu Isenburg). Dadurch konnte das langwierige Verfahren des Abziehens mit Entwickeln, Wässern, Fixieren und Trocknen rationalisiert werden. Die auszumessenden Areale wurden anschließend in die Schnittbilder eingetragen und die Flächeninhalte mit dem elektronischen Planimeter Z 80 (Firma Zuse, Bad Hersfeld) ermittelt.

Beim Prosencephalon wurde jedes zweite Bild planimetriert (entsprechend der Schrittweite von 2 mm), bei der Hippocampusformation jedes Bild (Schrittweite 1 mm). Bei der „Innenumfahrung der Gehirne" (Grenze zwischen neocorticalem Anteil und „Rest"prosencephalon) betrug die Schrittweite 4 mm, da an einer Versuchsreihe von 4 Gehirnen vorher nur eine Flächenabweichung von 0,4% gegenüber einer Schrittweite von 2 mm festgestellt wurde.

Makroskopische Abgrenzungen der Hirnregionen

Die makroskopischen Begrenzungen richten sich nach Charakteristika, die auf den Gehirnbildern deutlich sichtbar sind (Sulci, Fissurae, Grenze Hell-Dunkel etc.) Zwei histologische Schnittserien von einem Wild- und einem Hausschweingehirn wurden zur Kontrolle verwandt. In Abb. 2 sind die vermessenen Hirnareale eingetragen: der neocorticale Anteil als schwarz ausgezeichnete Rinde, die Hippocampusformation gepunktet und das Rhombencephalon grau schattiert dargestellt.

1. Grenze Prosencephalon rechts und links (Abb. 2a—k): Als makroskopische Grenze zwischen den beiden Großhirnhemisphären gilt die Fissura longitudinalis (Abb. 2a, b). Die Fibrae olfactoseptales (Abb. 2c), die Striae terminales, die Mitte des dritten Ventrikels (Abb. 2e—h) und die Adhaesio interthalamica sind weitere makroskopische Grenzen.

2. Grenze Prosencephalon-Rhombencephalon im weiteren Sinne (Rhombencephalon grau schattiert dargestellt (Abb. 2h):

Das Corpus geniculatum mediale und laterale (Abb. 2g, h), das Corpus mamillare (Abb. 2f) und den dritten Ventrikel (Abb. 2e—h) zähle ich zum Prosencephalon. Zum Rhombencephalon i. w. S. rechne ich das Mittelhirn mit den Colliculi superiores, den Aquaeductus cerebri, die Oculomotoriuskerne und den Nucleus ruber (Abb. 2h—k). Befinden sich auf einem zu vermessenden Schnittbild sowohl Strukturen des Diencephalons als auch des Rhombencephalons i. w. S., so ist diese Grenze folgendermaßen festgelegt (Abb. 2h):

Sie verläuft zwischen Corpus geniculatum mediale und Substantia nigra lateralis der beiden Seiten bogenförmig zum Unterrand des Aquaeductus cerebri. Das Areal oberhalb dieser Grenze rechne ich zum Prosencephalon, das unterhalb zum Rhombencephalon i. w. S.

3. Die Abgrenzungen des neocorticalen Anteils sind in der Abb. 2a—h als schwarz ausgezeichnete Rinde dargestellt.

Die wesentliche basale Grenzlinie des neocorticalen Anteils ist die Fissura rhinalis (Abb. 2b—k). Sie liegt hier an dem basolateralen Teil des Lobus piriformis am Knick zum horizontal verlaufenden Rindenabschnitt. Durch diese Festlegung der Grenze wird die Regio perirhinalis dem neocorticalen Anteil zugeschlagen, ebenso ein schmaler Saum des dorsal gelegenen Teiles der praepiriformen Rinde.

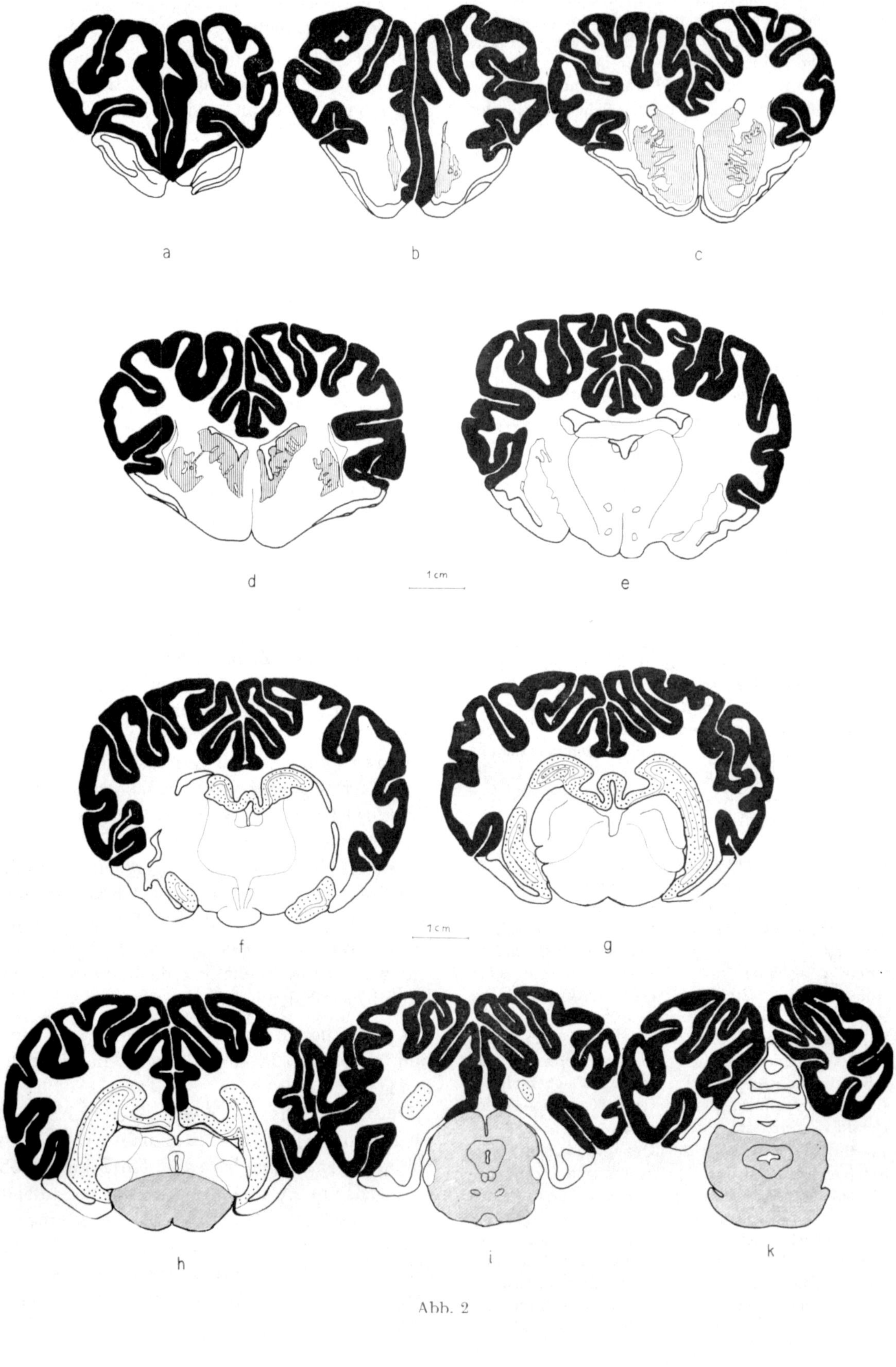

Abb. 2

4. In Abb. 2f—i sieht man die Hippocampusformation, die gepunktet dargestellt ist, und von der nur die graue Substanz ausgemessen wurde. Die Abb. 2f und g zeigen einen Schnitt durch den rostralen Bereich der Hippocampusformation mit ihrer charakteristischen Lage zu den Seitenventrikeln. Die Schnittbilder 2h und i zeigen den occipitalen Anteil der Hippocampusformation. Als basale Grenzlinie der Hippocampusformation nahm ich die Stelle, an der im Schnittbild die senkrecht verlaufende Rinde in eine basal-horizontale Richtung übergeht (Abb. 2f—h). Die dorsale Grenze der Hippocampusformation bildet der Balken.

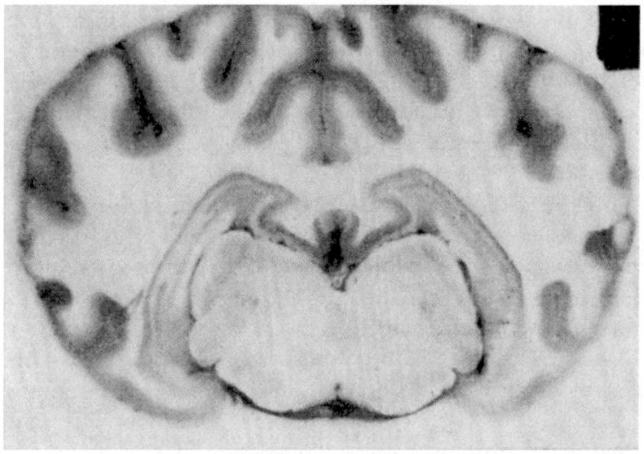

Abb. 3. Nativschnittbild des Gehirns S 3 (Schnittnummer S 3/58). Im Bereich der Hippocampusformation. Vergrößerung 1:2

Berechnungen

Die Formel zur Berechnung des „planimetrierten" Volumens (PV) lautet:

$$PV = \frac{\sum \text{Schnittfläche} \times \text{Schrittweite}}{(\text{Vergrößerungsfaktor})^2} \text{ ccm} \quad (1)$$

Um standardisierte Werte zu erhalten, habe ich alle nach dieser Formel errechneten Werte auf das Frischvolumen (FV) bezogen. Die Formel zur Umrechnung lautet für das Prosencephalon z. B.:

$$P = FV \times \frac{\text{Gesamtschnittfläche des Prosencephalons}}{\text{Gesamtschnittfläche des Gehirns}} \text{ ccm} \quad (2)$$

Das mittlere „planimetrierte" Volumen für die gesamten Wild- und Hausschweine (129 ± 4 ccm) stimmt gut mit dem mittleren Frischvolumen überein (131 ± 4 ccm). Der Unterschied von 2 ccm (1,5%) ist nicht signifikant. Die genaue Schrittweite beträgt im Mittel 1,01 ± 0,002 mm bei den Wild-, und 1,009 ± 0,006 mm bei den Hausschweinen. Diese Werte wurden in der Rechnung zugrunde gelegt.

Die weiteren Berechnungen wurden im Deutschen Rechenzentrum Darmstadt auf einer IBM 7094 durchgeführt, die Zeichnungen mit dem Plotter IBM 1627 angefertigt.

Für die Regressionsrechnung wurde das Programm REV (Gebhardt 1966) verwandt.

Dieses Programm ermittelt die Einzelregressionen für mehrere Gruppen und vergleicht diese mit der gemeinsamen Regression für alle Gruppen.

Die Regressionsrechnung errechnet den mathematischen Zusammenhang zwischen zwei oder mehreren Variablen durch Bestimmung des Regressionskoeffizienten A und der absoluten Konstanten B.

Der Regressionskoeffizient A zeigt uns, um wieviel Einheiten die abhängige Variable zunimmt, wenn die unabhängige um eine Einheit wächst. Mittels eines t-Tests wird geprüft, ob der Parameter signifikant ist. Er ist nicht signifikant, wenn der Quotient aus dem Regressionskoeffizienten und seiner Standardabweichung kleiner oder gleich dem entsprechenden Tabellenwert der Student-Verteilung (Geigy 1960) ist. Dieser Tabellenwert ist abhängig von einer gewählten Sicherheit und einem zugehörigen Freiheitsgrad. Das Programm druckt zusätzlich die für diesen Parameter errechnete zweiseitige Irrtumswahrscheinlichkeit (IW = 1 — Grenzsicherheit) aus.

Die absolute Konstante B zeigt an, in welchem Abstand vom Nullpunkt die Regressionsgerade die Y-Achse

←

Abb. 2. Darstellung typischer Schnittbilder am Schweinegehirn K 1 (neocorticaler Anteil als Rinde schwarz ausgezeichnet; Hippocampusformation gepunktet und Rhombencephalon i. w. S. grau schattiert dargestellt) Vergrößerung 1:1

a) Im Bereich des rostralen Poles (Schnittnummer K 1/80).
b) Beginn des Striatum (gerastert dargestellt), Schnittnummer K 1/72.
c) Im Bereich des Striatum (Putamen, Nucleus caudatus), Schnittnummer K 1/62.
d) Im Bereich der Comissura anterior (Schnittnummer K 1/46).
e) Im Bereich des Thalamus mit Fasc. mamillothalamicus und Columna fornicis (Schnittnummer K 1/47).
f) Beginn der Hippocampusformation (gepunktet dargestellt), Schnittnummer K 1/43.
g) Im Bereich der Hippocampusformation mit Corpus geniculatum mediale und laterale (Schnittnummer K 1/39).
h) Beginn des Rhombencephalon (grau schattiert dargestellt). Schnittnummer K 1/36.
i) Prosencephalon und Rhombencephalon (Schnittnummer K 1/33).
k) Beginn des Cerebellum mit Culmen und Paraflocculus, Schnittnummer K 1/27.

schneidet. Erreicht B in der eingeschränkten Hypothese keinen signifikanten Wert (statistische Prüfung ebenfalls mittels eines T-Tests), so wird die Rechnung als Regression unter der Annahme B = 0 wiederholt, das heißt, die Steigung der durch den Nullpunkt gehenden Geraden berechnet (Proportionalität).

Mittels eines F-Tests wird auf signifkante Unterschiede der Regressionen geprüft. Dies setzt eine Normalverteilung voraus; deshalb wird bei allen Regressionen ein Test auf Abweichung der Residuen von der Normalverteilung vorgenommen.

Das Programm REZ (WINGERT 1967/70) zeichnet die Regressionsgeraden und prüft mit Hilfe des Programms LINP (GEBHARDT), ob eine quadratische oder kubische Regression statistisch signifikant besser ist als eine lineare Regression.

Die Mittelwerte, Standardabweichungen, Standardfehler, Maximum-Minimum-Werte und die Variationsbreiten sind mittels des Programms BMD 01 D (Biomedical Computer Programs, University of California Publications in automatic computations) berechnet worden.

Mit dem Programm PAMV (GEBHARDT) wird ein Mittelwertvergleich jeweils zwischen den männlichen und weiblichen Wild- bzw. Hausschweinen und zwischen den gesamten Wild- und Hausschweinen durchgeführt. Die statistische Sicherung erfolgt mit einem t-Test, der eine Normalverteilung und eine Gleichheit der Varianzen voraussetzt, die mit dem BARTLETT-Test geprüft wird.

Auf signifkante Unterschiede der einzelnen Volumina der rechten und linken Hemisphäre prüft das Programm DIFF (GEBHARDT 1966). Damit wird mittels eines t-Tests aufgezeigt, ob die Differenz zweier Variablen signifikant von Null verschieden ist. Die theoretischen Grundlagen dieser Tests sind u. a. bei GEIGY (1960), LINDER (1960), HASELOFF und HOFFMANN (1968) und CAVALLI-SFORZA (1969) beschrieben.

Ergebnisse

1. *Alter, Gewicht und Rumpflänge der Tiere*

Das mittlere Alter (mit ± wird die Standardabweichung des Mittelwertes im Folgenden immer angegeben) der 19 Wildschweingehirne liegt zwischen 6 und 48 Monaten, im Mittel bei 22 ± 2 Monaten. Für die 10 ♂ u. 9 ♀ Wildschweingehirne betragen die entsprechenden Mittelwerte 25 ± 4 und 19 ± 3 Monate.

Bei den 16 Hausschweingehirnen reicht die Streubreite der Stichproben von 5—42 Monaten, im Mittel liegt sie bei 20 ± 3 Monaten. Die Mittelwerte der 7 ♂ und 9 ♀ Hausschweingehirne liegen bei 20 ± 6 und 21 ± 5 Monaten.

Wie aus der Abb. 1 ersichtlich, sind sowohl die männlichen und weiblichen Wild- als auch Hausschweine altersmäßig annähernd gleichmäßig verteilt. Der Mittelwertvergleich mit einem t-Test ergab weder für die männlichen und weiblichen Wild- und Hausschweine, noch für die Wild- und Hausschweine gesamt einen signifikanten Unterschied im mittleren Alter (2 P = 0,05). Daher kann das Wild- und Hausschweingehirnmaterial altersmäßig miteinander verglichen werden.

Das mittlere Bruttokörpergewicht liegt bei den Hausschweinen mit 190 ± 20 kg um ca. 156 kg höher als bei den Wildschweinen (34 ± 5 kg). Die Werte der Stichprobe variieren bei den Hausschweinen zwischen 94 und 288 kg, bei den Wildschweinen zwischen 9 und 100 kg.

Das jüngste Hausschwein mit 5 Monaten hat also annähernd das Bruttokörpergewicht des ältesten Wildschweines mit 48 Monaten.

Die mittlere Rumpflänge beträgt bei den Wildschweinen 81 ± 3 cm (Streubreite der Stichprobe zwischen 54 und 105 cm), bei den Hausschweinen 141 ± 9 cm (Streubreite von 105—210 cm). Auch hier zeigt sich wieder, daß die Rumpflänge des jüngsten Hausschweines ungefähr der des ältesten Wildschweines entspricht.

2. *Werte des Frischgewichtes und Frischvolumens; des spezifischen Gewichtes und des planimetrierten Volumens des Gesamthirns*

Das mittlere Frischgewicht des Gesamthirns beträgt bei den 10 männlichen Wildschweinen 159 ± 8 g, bei den 9 weiblichen 138 ± 5 g. Die männlichen Gehirne sind also durchschnittlich 21 g schwerer als die weiblichen. Für die Frischvolumina lauten die Werte 154 ± 7 ccm und 134 ± 5 ccm. Entsprechend dem größeren mittleren Gewicht ist auch das Frischvolumen im Mittel um etwa 20 ccm bei den männlichen Tieren größer.

Bei den 7 männlichen und 9 weiblichen Hausschweingehirnen betragen die Werte für das mittlere Frischgewicht 120 ± 5 g bzw. 117 ± 3 g. Die entsprechenden Werte für das mittlere Frischvolumen lauten 116 ± 5 ccm und 114 ± 3 ccm. Damit sind die männlichen Hausschweingehirne im Mittel um etwa 3 g schwerer bzw. 2 ccm größer als die weiblichen.

Das mittlere Frischgewicht der gesamten Hausschweingehirne (♂ + ♀) ist mit 118 ± 3 g um etwa 31 g leichter als das der gesamten Wildschweingehirne. Entsprechend ist das mittlere Frischvolumen (♂ + ♀) der Hausschweingehirne mit 115 ± 3 ccm um etwa 30 ccm (21%) kleiner als das der Wildschweingehirne (145 ± 5 ccm).

Als mittleres spezifisches Gewicht ergibt sich nach Messungen an 14 Gehirnen für beide Gruppen gemeinsam 1,030 ± 0,002 g/ccm.

Der Mittelwert des planimetrierten Volumens des Gesamthirns liegt für die Wild- und Hausschweine mit 129 ± 4 ccm um etwa 2 ccm niedriger als der Mittelwert des Frischvolumens (131 ± 4 ccm); dieser Unterschied ist jedoch nicht signifikant (2 P = 0,05).

3. *Die Werte der Frischvolumina von Prosencephalon; „Rest"prosencephalon; neocorticaler Anteil und Hippocampusformation*

Das mittlere Frischvolumen des Prosencephalons mißt bei den männlichen Wildschweingehirnen 129 ± 6 ccm, bei den weiblichen 111 ± 4 ccm und bei beiden gemeinsam 120 ± 4 ccm. Die Werte für die Hausschweingehirne lauten 94 ± 4 ccm, 91 ± 2 ccm und 92 ± 2 ccm.

Das Frischvolumen des Prosencephalons der weiblichen Wildschweingehirne ist durchschnittlich um 18 ccm, das der weiblichen Hausschweingehirne um etwa 3 ccm kleiner als das der jeweiligen männlichen. Der Wert für die gesamten Hausschweingehirne ist um etwa 28 ccm (23%) niedriger als der für die gesamten Wildschweingehirne.

Das mittlere Frischvolumen des neocorticalen Anteils des Prosencephalons — im Folgenden immer als neocorticaler Anteil angegeben — beträgt bei den männlichen Wildschweinen 63 ± 3 ccm, bei den weiblichen 54 ± 2,5 ccm und bei beiden gemeinsam 59 ± 2 ccm. Die entsprechenden Werte für die Hausschweingehirne sind 44 ± 1 ccm, 41 ± 2 ccm und 42 ± 1 ccm. Damit liegt das mittlere Frischvolumen des neocorticalen Anteils bei den Hausschweinen um etwa 17 ccm (29%) niedriger als bei den Wildschweinen.

Für das mittlere Frischvolumen des „Rest"-prosencephalons ergibt sich bei den männlichen Wildschweinen ein Wert von 60 ± 3 ccm, bei den weiblichen von 51 ± 2 ccm. Die Werte für die Hausschweingehirne liegen bei 45 ± 3 ccm für die männlichen und weiblichen. Das mittlere Frischvolumen der gesamten Hausschweine (♂ + ♀) ist mit 45 ± 2 ccm um etwa 10 ccm (18%) geringer als das der Wildschweine (56 ± 2 ccm).

Für das Frischvolumen der Hippocampusformation errechnet sich bei den männlichen Wildschweinen ein Mittelwert von 2,8 ± 0,1 ccm, bei den weiblichen von 2,6 ± 0,1 ccm und für beide gemeinsam 2,7 ± 0,1 ccm. Die Werte für die Hausschweingehirne lauten 2,0 ± 0,09 ccm, 1,9 ± 0,07 und 1,9 ± 0,05 ccm. Das mittlere Frischvolumen der Hippocampusformation ist damit bei den Hausschweinen gegenüber der Wildform um etwa 0,8 ccm (30%) kleiner.

Die Frischvolumina von Prosencephalon, neocorticalem Anteil und Hippocampusformation sind auch getrennt nach Hemisphären ermittelt worden. Dabei ergeben sich keine Seitendifferenzen.

4. *Regressions- und Korrelationsrechnung*

Im Folgenden sind die Ergebnisse der Regressionsrechnung aufgezeigt. Dabei bedeuten die Abkürzungen an den einzelnen Regressionsgeraden in den Zeichnungen:

WSM = Wildschwein männlich
WSW = Wildschwein weiblich
WSG = Wildschwein gesamt (männlich + weiblich)

HSM = Hausschwein männlich
HSW = Hausschwein weiblich
HSG = Hausschwein gesamt (männlich + weiblich)

Abb. 4 zeigt das „planimetrierte" Volumen in Beziehung zum Hirnfrischvolumen.

In keiner der sechs Regressionen gegen das Hirnvolumen (Wildschwein männlich, weiblich und gesamt; Hausschwein männlich, weiblich und gesamt) ist die absolute Konstante B signifikant, so daß daher in allen Fällen die Steigung der durch den Nullpunkt gehenden Regressionsgeraden berechnet wurde. Diese Steigungen sind untereinander mit einer Sicherheit von 0,95 nicht verschieden; die Einzelregressionsgeraden lassen sich also in eine gemeinsame Gerade überführen. Der Regressionskoeffizient dieser Geraden lautet A = 0,98 ± 0,003, das heißt, der Anstieg beträgt annähernd 45°. Der Ursprung der Geraden liegt im Nullpunkt, die Beziehung zwischen „planimetriertem" Volumen und Hirnfrischvolumen ist bei der Stichprobenauswahl daher eine proportionale.

Der Korrelationskoeffizient — ein Maß für die Intensität der Bindung der Punkteschar an die Gerade — ist mit R = 0,99 sehr hoch. Die ermittelten Volumenwerte nach Vorbehandlung der Gehirne durch Einbettung, Schneiden, Einzeichnen und Planimetrieren, weichen nur unerheblich, im Mittel um ca. 1,5%, von den Frischvolumenwerten ab. Dies zeigt, daß die von Kretschmann und Vossius (1968) entwickelte Nativmakrotomie und die weitere Verarbeitung mittels Planimetrie

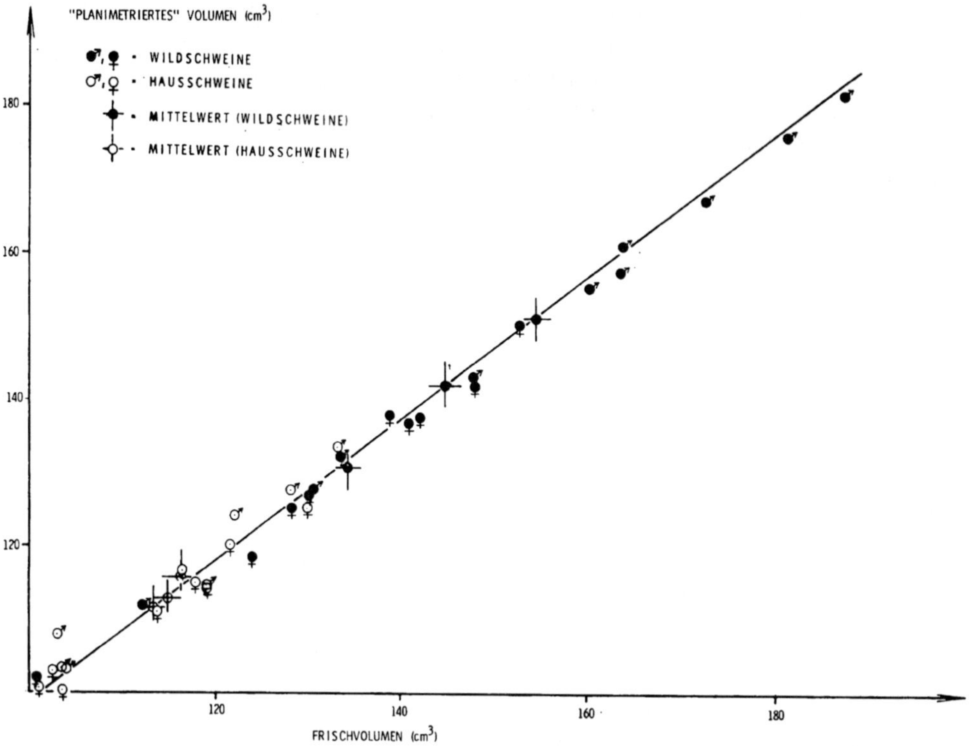

Abb. 4. Einzelwerte; Mittelwerte der männlichen, weiblichen und gesamten Wild- sowie Hausschweingehirne und Regressionsgerade für die Beziehung zwischen „planimetriertem" Volumen des Gesamthirns und dem Frischvolumen des Gesamthirns.

Werte liefert, die als Ausgangsbasis für weitere Untersuchungen geeignet sind.

Die in Abb. 4 dargestellte Beziehung dient außerdem der Kontrolle, ob einer der planimetrierten Werte erheblich vom Frischvolumen abweicht. Dadurch können technische Fehler in der Verarbeitung eines einzelnen Gehirnes oder auch Fehler des Untersuchers aufgedeckt werden.

In Abb. 5 sind die Geraden für die Regression zwischen dem Bruttokörpergewicht und dem Alter aufgetragen.

Der Korrelationskoeffizient der signifikanten Beziehungen ist mit $R = 0{,}89$ für die Wildschweine und $R = 0{,}86$ für die Hausschweine ähnlich hoch.

Die Regressionsrechnung ergibt folgendes Bild: die absolute Konstante B weicht bei den Wildschweinen — außer bei den weiblichen — nicht signifikant von Null ab. Die Irrtumswahrscheinlichkeit (IW) für $B = 0$ der weiblichen Wildschweine ist 0,045; die Konstante B schwach signifikant, so daß nur in einer ersten Näherung eine direkte Proportionalität zwischen Bruttokörpergewicht und Alter bei den Wildschweinen angenommen werden kann.

Die Regressionskoeffizienten für die Wildschweine sind: $A = 1{,}68 \pm 0{,}1$ für die männlichen: $A = 1{,}37 \pm 0{,}1$ für die weiblichen und $A = 1{,}58 \pm 0{,}1$ für die gesamten. Bei den Hausschweinen ist das Bruttokörpergewicht nicht proportional zum Alter korreliert, d. h., die absoluten Konstanten B erreichen signifikante Werte. Für die männlichen Hausschweine ist $A = 5{,}72 \pm 0{,}7$; $B = 70 \pm 18$. Für die weiblichen ergibt sich $A = 3{,}53 \pm 1{,}1$; $B = 121 \pm 27$ und für die gesamten $A = 4{,}57 \pm 0{,}7$ und $B = 97 \pm 17$.

In der Regression zeigt sich sowohl bei den Wild- als auch Hausschweinen kein signifikanter Unterschied zwischen den Geraden der männlichen und weiblichen Tiere, dagegen besteht ein gesicherter Unterschied in den Regressionsgeraden von Wild- und Hausschwein; die Fehlerquadratsumme der gemeinsamen Regression ist signifikant größer als die der getrennten ($F(1,33) = 102$).

Die Regressionsgeraden der Hausschweine liegen deutlich oberhalb denen der Wildschweine.

Abb. 6 zeigt die Beziehung zwischen der Rumpflänge und dem Alter.

Sowohl bei den Wild- als auch Hausschweinen nimmt die Rumpflänge nicht proportional zum

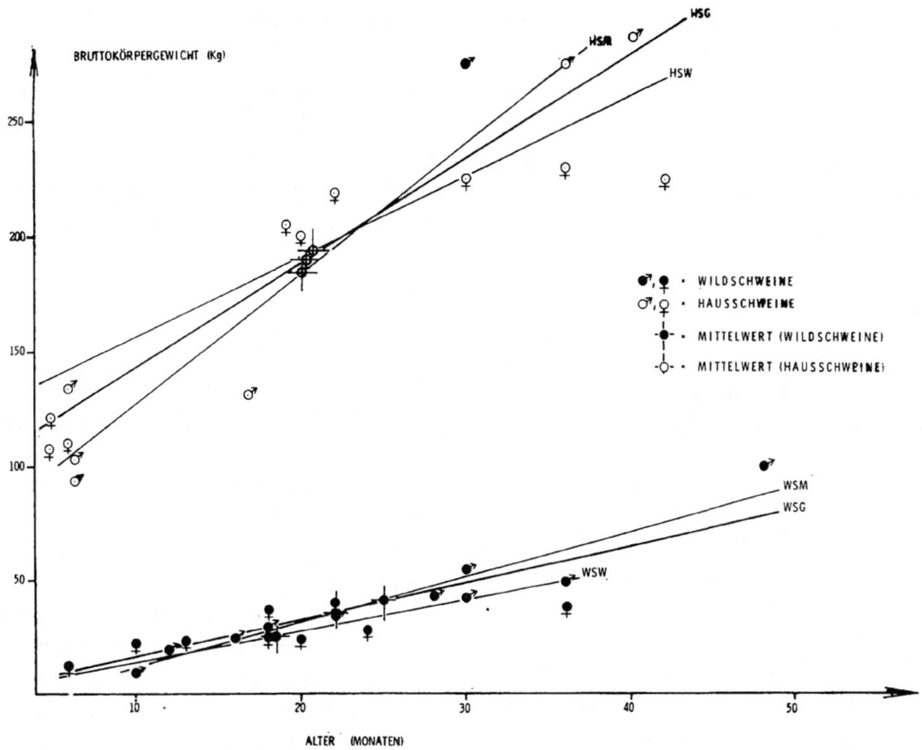

Abb. 5. Regressionsgerade für die Beziehung zwischen dem Bruttokörpergewicht und dem Alter bei Haus- und Wildschweinen.

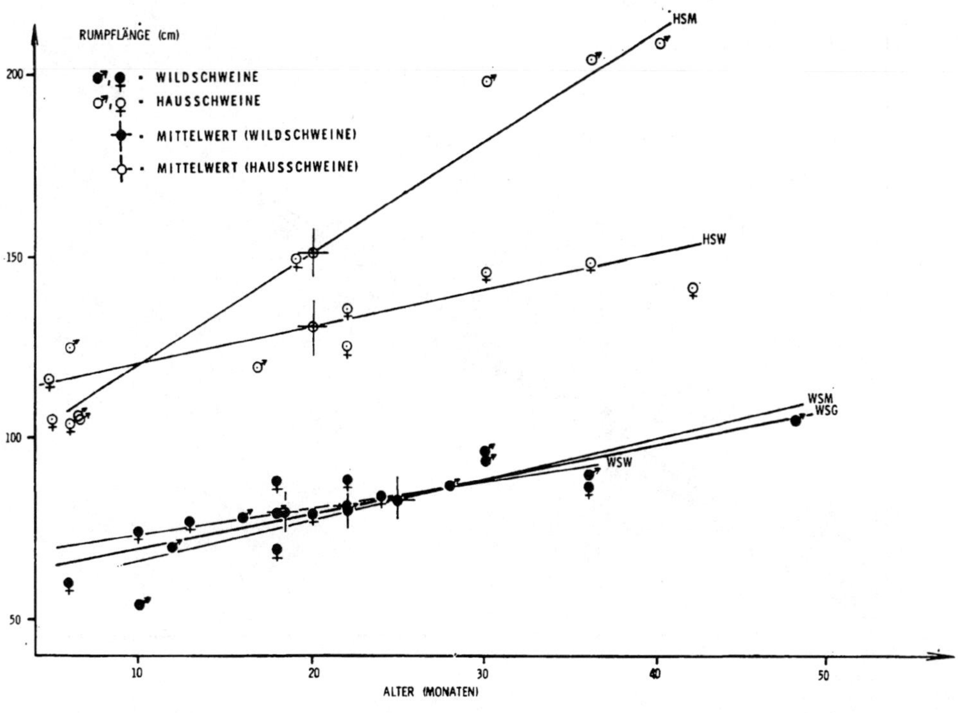

Abb. 6. Regressionsgerade für die Beziehung zwischen der Rumpflänge und dem Alter bei Wild- und Hausschweinen.

Alter zu, das heißt, die Konstante B erreicht in der Regressionsrechnung jeweils signifikante Werte.

Bei den Wildschweinen unterscheidet sich die weibliche Regressionsgerade nicht signifikant von der männlichen, dagegen besteht ein Unterschied in der Regression bei den Hausschweinen. Es zeigt sich dort, daß die Fehlerquadratsumme der gemeinsamen Regression signifikant größer ist als die der männlichen und weiblichen Einzelregressionen ($F(2{,}12) = 17{,}2$).

Die Parameter für die Wildschweine lauten $A = 0{,}97 \pm 0{,}14$ und $B = 60 \pm 3$.

Für die männlichen Hausschweine lauten sie $A = 3{,}15 \pm 0{,}4$; $B = 89 \pm 9$ und für die weiblichen $A = 1{,}0 \pm 0{,}26$; $B = 110 \pm 6$.

Der Korrelationskoeffizient beträgt bei den Wildschweinen $R = 0{,}86$; bei den männlichen Hausschweinen $R = 0{,}96$ und bei den weiblichen $R = 0{,}82$.

Im Folgenden sind die Beziehungen zwischen den einzelnen Hirnteilvolumina — Prosencephalon, neocorticaler Anteil des Prosencephalon, „Rest"-prosencephalon, Hippocampusformation — und dem Frischvolumen des Gesamthirns aufgezeigt.

Bei der gewählten Stichprobe von Schweinegehirnen hat sich ergeben, daß sowohl bei den Wild- als auch Hausschweinen die männlichen und weiblichen Einzelregressionen untereinander bei einer Sicherheit von 0,95 nicht signifikant verschieden sind, sie sich also jeweils in eine gemeinsame Regression überführen lassen. Deshalb sind in der weiteren Besprechung der Einzelergebnisse auch nur die Werte dieser gemeinsamen Geraden angegeben. Die Parameter der Einzelregressionen sind gegebenenfalls aus den Tabellen zu entnehmen.

Des weiteren zeigt die Rechnung, daß zwischen den Regressionsgeraden der Wild- und Hausschweine jeweils ein signifikanter Unterschied besteht.

Diese Ergebnisse gelten für die nun folgenden Beziehungen, sie sind deshalb nicht noch einmal mit in die Beschreibung der Einzelergebnisse aufgenommen worden.

Auch dort, wo die Korrelationskoeffizienten beim Hausschwein keine gesicherten Werte ergeben, sind die Regressionsgeraden aus Gründen der besseren Übersicht *gestrichelt* wiedergegeben. Dies ist jedoch dann im Text besonders vermerkt.

Allgemein ist bei der graphischen Beurteilung der Punkteschar und der Geraden der unterschiedliche Maßstab der beiden Achsen in den einzelnen Zeichnungen zu beachten!

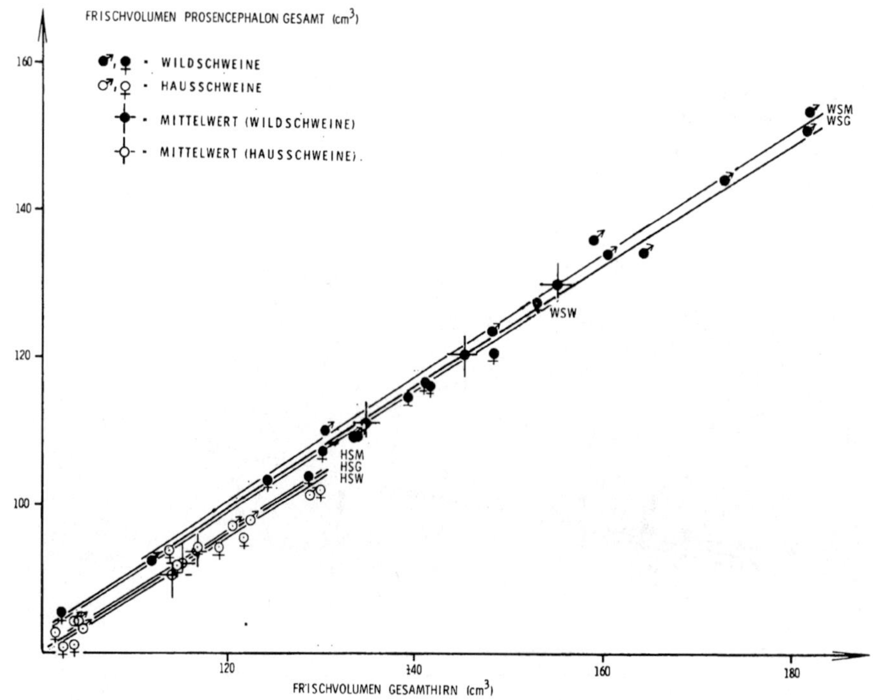

Abb. 7. Regressionsgerade für die Beziehung zwischen dem Frischvolumen des Prosencephalon und dem Frischvolumen des Gesamthirns bei Wild- und Hausschweinen.

Abb. 7 zeigt die Volumenbeziehung zwischen dem Prosencephalon und dem Gesamthirn.

Die Regressionsrechnung ergibt, daß zwischen der Größenzunahme des Volumens des Prosencephalon und der des Gesamthirns ein proportionaler Zusammenhang besteht. Der Regressionskoeffizient für die Wildschweine lautet A = 0,83 ± 0,002; das heißt, nimmt das Volumen des Gesamthirns um durchschnittlich 1 ccm zu, so wird das Volumen des Prosencephalon um durchschnittlich 0,83 ccm größer.

Für die Hausschweine lautet der Parameter A = 0,80 ± 0,003. Der Korrelationskoeffizient ist mit R = 0,99 für die Wildschweine und R = 0,98 für die Hausschweine sehr hoch, die Bindung der Punkteschar an die Gerade also sehr groß.

Der Linearitätstest ergibt eine lineare Regression.

In Abb. 8 und 9 sind die Beziehungen zwischen den Frischvolumina des Prosencephalon der rechten und linken Hemisphäre und dem Frischvolumen des Gesamthirns aufgetragen. Wiederum ist deutlich sichtbar, daß die Werte der Wildschweingehirne vorwiegend im oberen Teil der Geraden gruppiert sind — die weiblichen unterhalb denen der männlichen —, und daß die Werte der Hausschweingehirne sich im unteren Teil befinden, wobei hier kein erkennbarer Unterschied in der Punkteverteilung zwischen männlich und weiblich besteht.

Der Regressionskoeffizient für die rechte und linke Hemisphäre beträgt bei den Wildschweinen A = 0,41 ± 0,002 und bei den Hausschweinen A = 0,40 ± 0,002. Die Korrelationskoeffizienten sind mit R = 0,99 und R = 0,97 bei den Wild- und Hausschweinen für beide Hemisphären gleich hoch. Die Verteilung der Punkteschar läßt einen linearen Anstieg erkennen.

Die Beziehung zwischen dem Frischvolumen des neocorticalen Anteils des Prosencephalon und dem Frischvolumen des Gesamthirns ist in Abb. 10 dargestellt.

Bei den Wildschweinen nimmt das Volumen des neocorticalen Anteils proportional zum Volumen des Gesamthirns zu. Der Parameter der gemeinsamen Regression ist A = 0,41 ± 0,05; der Korrelationskoeffizient mit R = 0,93 sehr hoch. Der Linearitätstest ergibt, daß bei den weiblichen Wildschweinen eine quadratische Regression besser ist.

Bei den Hausschweinen ist eine signifikante Beziehung zwischen den Volumina des neocorticalen Anteils und des Gesamthirns in der Re-

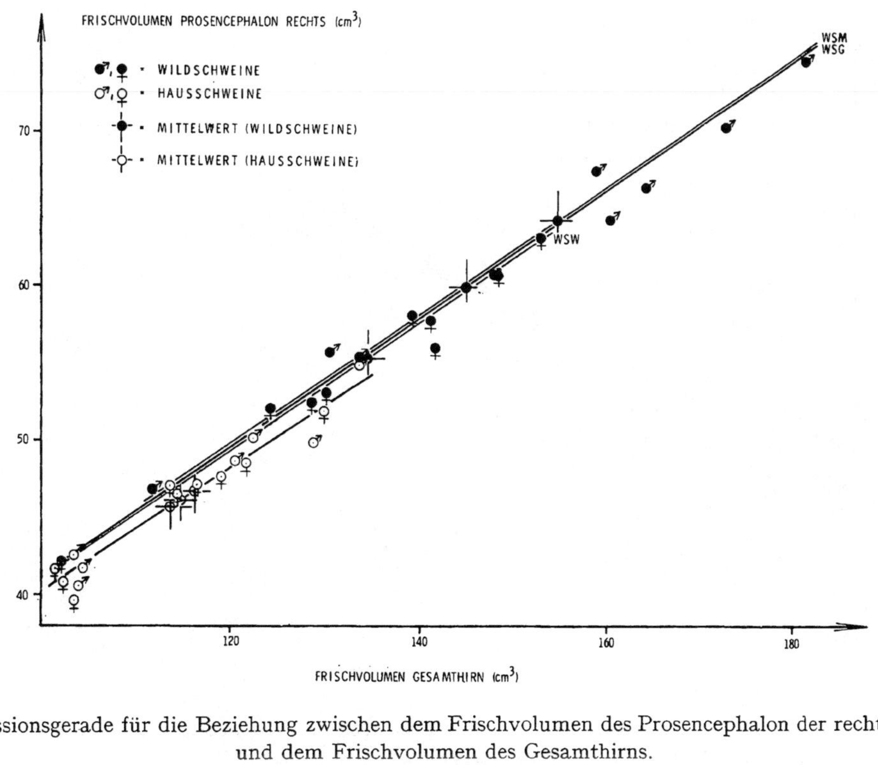

Abb. 8. Regressionsgerade für die Beziehung zwischen dem Frischvolumen des Prosencephalon der rechten Hemisphäre und dem Frischvolumen des Gesamthirns.

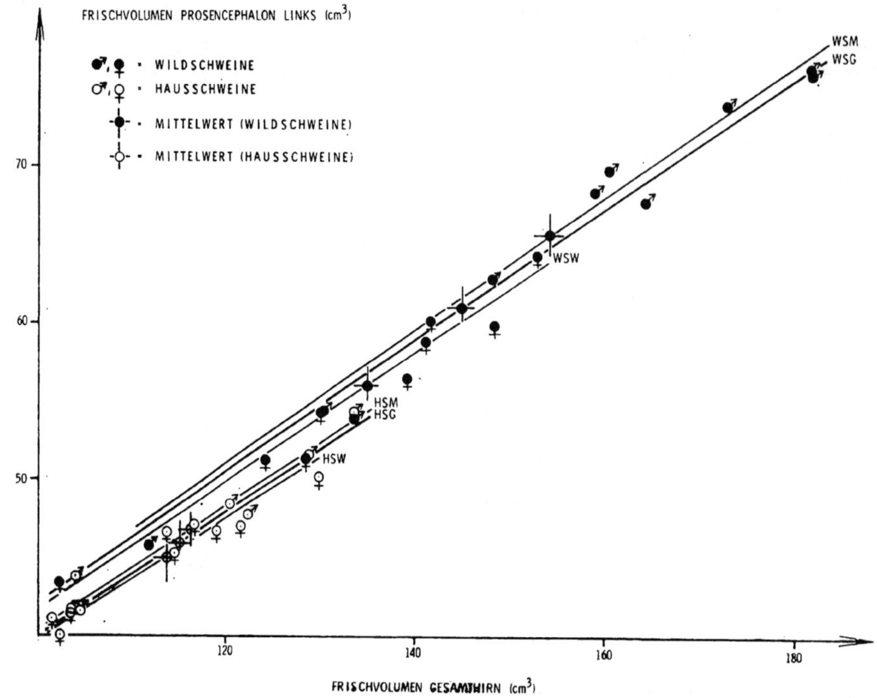

Abb. 9. Regressionsgerade für die Beziehung zwischen dem Frischvolumen des Prosencephalon der linken Hemisphäre und dem Frischvolumen des Gesamthirns.

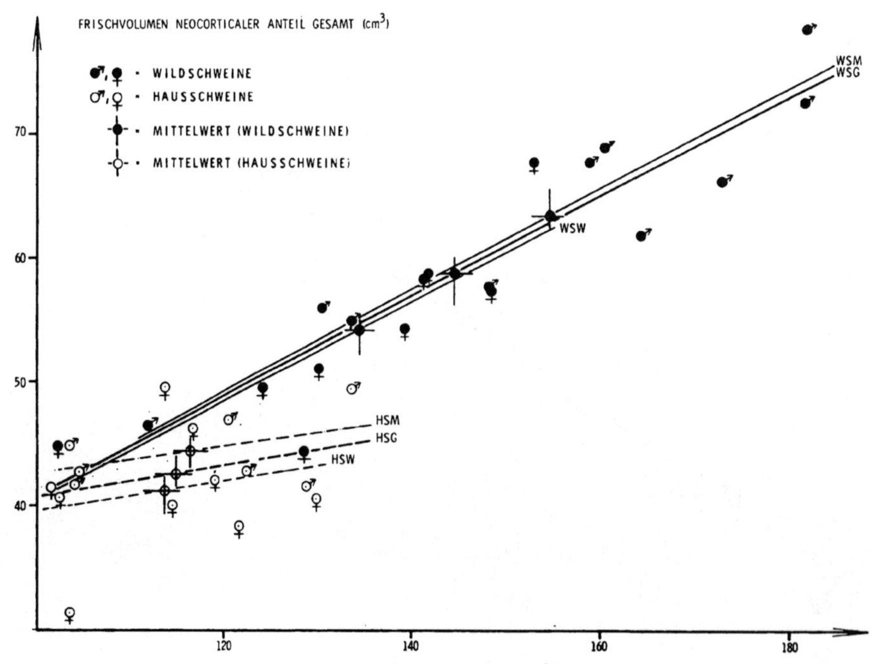

Abb. 10. Regressionsgerade für die Beziehung zwischen dem Frischvolumen des neocorticalen Anteils und dem Frischvolumen des Gesamthirns bei Wild- und Hausschweinen.

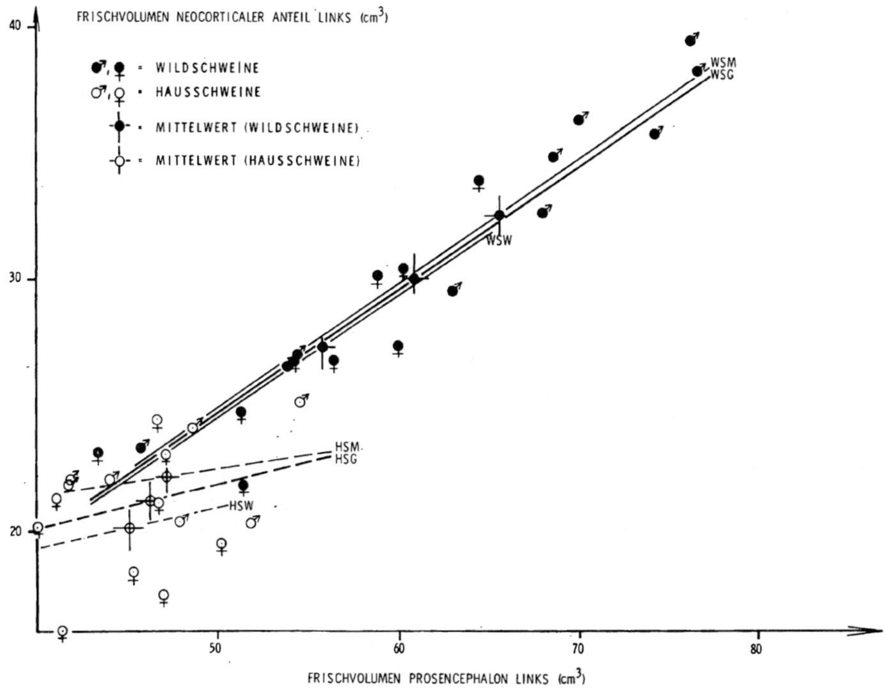

Abb. 11. Regressionsgerade für die Beziehung zwischen dem Frischvolumen des neocorticalen Anteils der linken Hemisphäre und dem Frischvolumen des Gesamthirns bei Wild- und Hausschweinen.

gression *nicht* zu sichern (2 P = 0,05); der Korrelationskoeffizient erreicht mit R = 0,30 keinen gesicherten Wert.

Trotzdem sind aus Gründen der besseren Übersicht diejenigen Regressionsgeraden *gestrichelt* mit in die Zeichnung aufgenommen worden, deren Verlauf bei der vorliegenden Punkteverteilung die Summe der kleinsten Abweichungsquadrate aufweist.

Die Rechnung für die Beziehung zwischen dem Volumen des neocorticalen Anteils + Hippocampusformation und dem Volumen des Gesamthirns zeigt sinngemäß gleiche Ergebnisse, die Werte weichen nur unerheblich voneinander ab (die Angaben können aus der Tabelle entnommen werden).

Der Parameter der proportionalen Beziehung lautet bei den Wildschweinen A = 0,20 ± 0,003; der Korrelationskoeffizient ist R = 0,93.

Bei den Hausschweinen ist keine signifikante Beziehung zwischen den Variablen festzustellen (R = 0,14). Die Irrtumswahrscheinlichkeit für A beträgt IW = 0,59, das heißt, A ist nicht gesichert von Null verschieden. Sinngemäß gleiche Ergebnisse zeigt die Beziehung zwischen dem Volumen des neocorticalen Anteils der rechten Hemisphäre und dem Volumen des Gesamthirns.

Der Regressionskoeffizient für die rechte Hemisphäre ist bei den Wildschweinen gleich groß, R mit 0,88 etwas niedriger. Bei den Hausschweinen ist wiederum keine gesicherte Volumenbeziehung festzustellen.

In Abb. 12 ist die Abhängigkeit des Frischvolumens des „Rest"prosencephalon vom Frischvolumen des Gesamthirn aufgetragen.

Für die Wildschweine ergibt sich eine proportionale Beziehung mit A = 0,38 ± 0,004; R = 0,96. Bei den weiblichen Wildschweinen ist eine quadratische Regression signifikant besser als eine lineare.

Bei den Hausschweinen liefert die Regressionsrechnung folgendes Bild: die Irrtumswahrscheinlichkeit für die absolute Konstante B der männlichen Hausschweine beträgt IW = 0,009, d. h. die Alternativhypothese B ≠ 0 wird angenommen. Ein ähnliches Bild zeigt die absolute Konstante B der gesamten Hausschweine (IW = 0,008), sie ist ebenfalls signifikant; B der weiblichen Hausschweine dagegen ist nicht signifikant (IW = 0,19). Trotzdem kann bei der vorliegenden Stichprobenauswahl mit guter Näherung ein nicht proportionaler Zusammenhang zwischen dem Volumen des „Rest"prosencephalon und dem Vo-

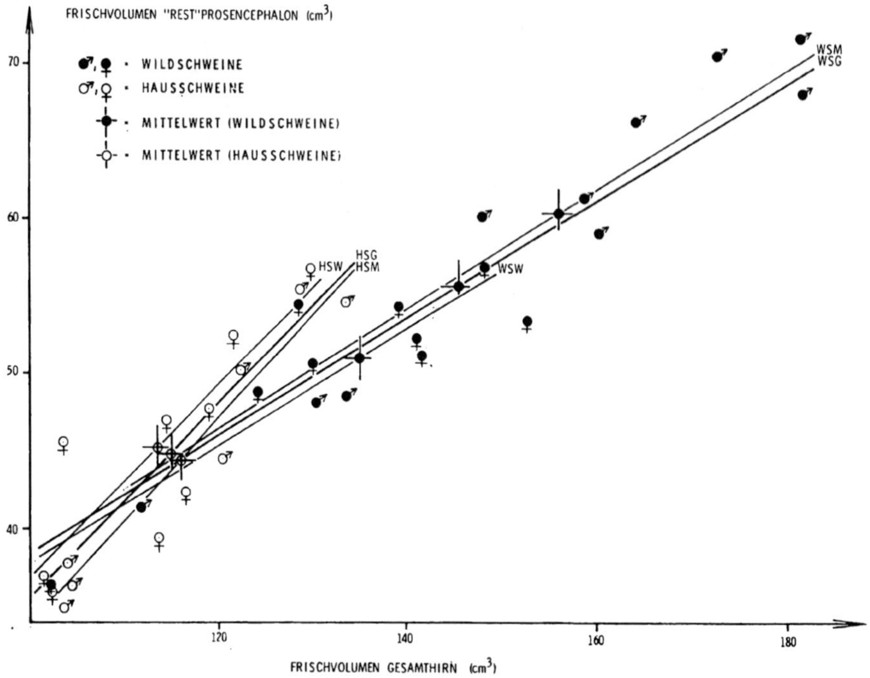

Abb. 12. Regressionsgerade für die Beziehung zwischen dem Frischvolumen des „Rest"prosencephalon und dem Frischvolumen des Gesamthirns bei Wild- und Hausschweinen.

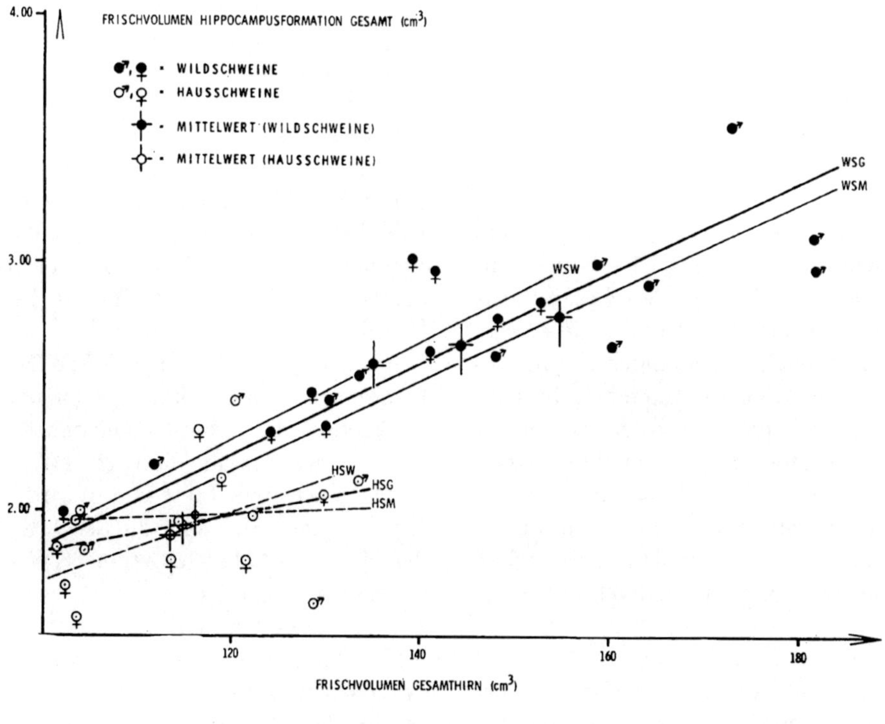

Abb. 13. Regressionsgerade für die Beziehung zwischen dem Frischvolumen der Hippocampusformation und dem Frischvolumen des Gesamthirns bei Wild- und Hausschweinen.

lumen des Gesamthirns angenommen werden ($A = 0{,}63 \pm 0{,}08$; $B = -28 \pm 9$).

Der Korrelationskoeffizient ist mit $R = 0{,}90$ ähnlich hoch wie bei den Wildschweinen.

An Abb. 13 ist das Frischvolumen der Hippocampusformation in Abhängigkeit vom Frischvolumen des Gesamthirns aufgetragen.

Der Regressionskoeffizient der linear proportionalen Beziehung lautet für die Wildschweinstichprobe $A = 0{,}018 \pm 0{,}004$; die Bindung der Punkteschar an die Gerade ist mit $R = 0{,}85$ groß.

Bei der Hausschweinstichprobe ist der Korrelationskoeffizient mit $R = 0{,}34$ nicht signifikant ($F(1{,}14) = 1{,}38$), das heißt, eine gesicherte Beziehung zwischen den Frischvolumina der Hippocampusformation und des Gesamthirns läßt sich bei den Stichproben nur bei den Wildschweinen nachweisen ($2P = 0{,}05$).

In den weiteren graphischen Darstellungen sind die Beziehungen zwischen den Frischvolumina — neocorticaler Anteil des Prosencephalons, „Rest"-prosencephalon, Hippocampusformation — und dem Frischvolumen des Prosencephalons aufgezeigt. Auch hier ergibt sich wieder, daß sowohl bei den Wild- als auch Hausschweinen die Einzelregressionen der männlichen und weiblichen Individuen untereinander bei einer Sicherheit von 0,95 nicht signifikant verschieden sind.

Mit Ausnahme der Beziehung zwischen dem Volumen der Hippocampusformation und dem Volumen des Prosencephalon zeigt die weitere Rechnung wiederum einen gesicherten Unterschied in den Einzelregressionen von Wild- und Hausschweinen.

Für die Wildschweine ergibt sich eine lineare Proportionalität in der Beziehung bei einem Regressionskoeffizienten von $A = 0{,}48 \pm 0{,}006$. Der Korrelationskoeffizient ist mit $R = 0{,}95$ sehr hoch.

Bei den Hausschweinen läßt sich eine signifikante Beziehung zwischen dem Volumen des neocorticalen Anteils und dem Volumen des Prosencephalons nicht sichern. Der F-Wert des Korrelationskoeffizienten $R = 0{,}45$ lautet $F(1{,}14) = 3{,}5$. In der Graphik sind die nicht gesicherten Geraden wiederum gestrichelt gezeichnet, die Parameter dieser Geraden sind nicht signifikant von Null verschieden.

Die Regressionsrechnung ergibt für die Beziehung zwischen dem Volumen des neocorticalen Anteils + Hippocampusformation und dem Volumen des Prosencephalon sinngemäß gleiche Er-

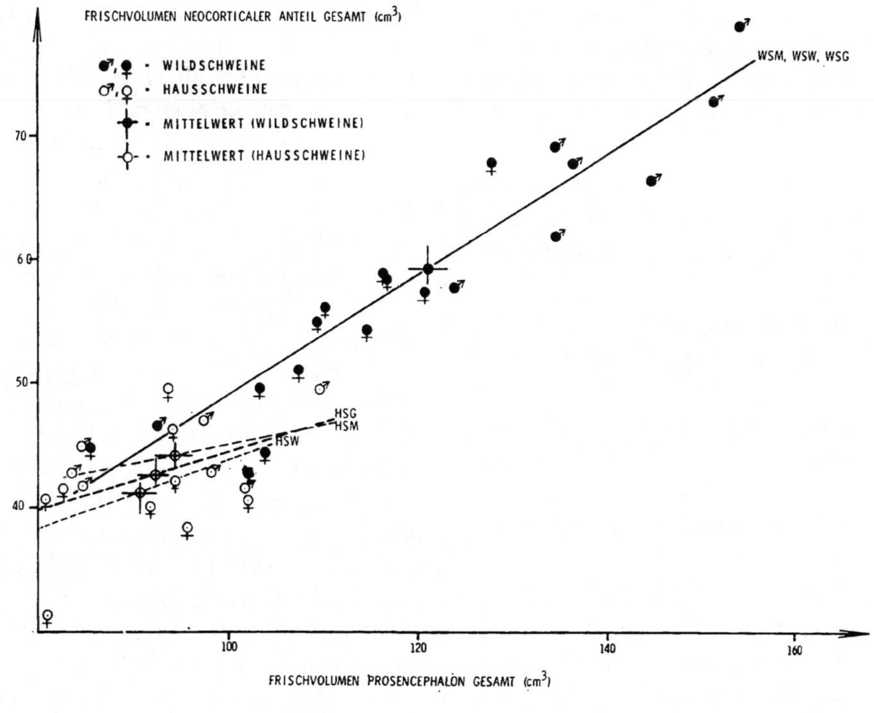

Abb. 14. Regressionsgerade für die Beziehung zwischen dem Frischvolumen des neocorticalen Anteils und dem Frischvolumen des Prosencephalon bei Wild- und Hausschweinen.

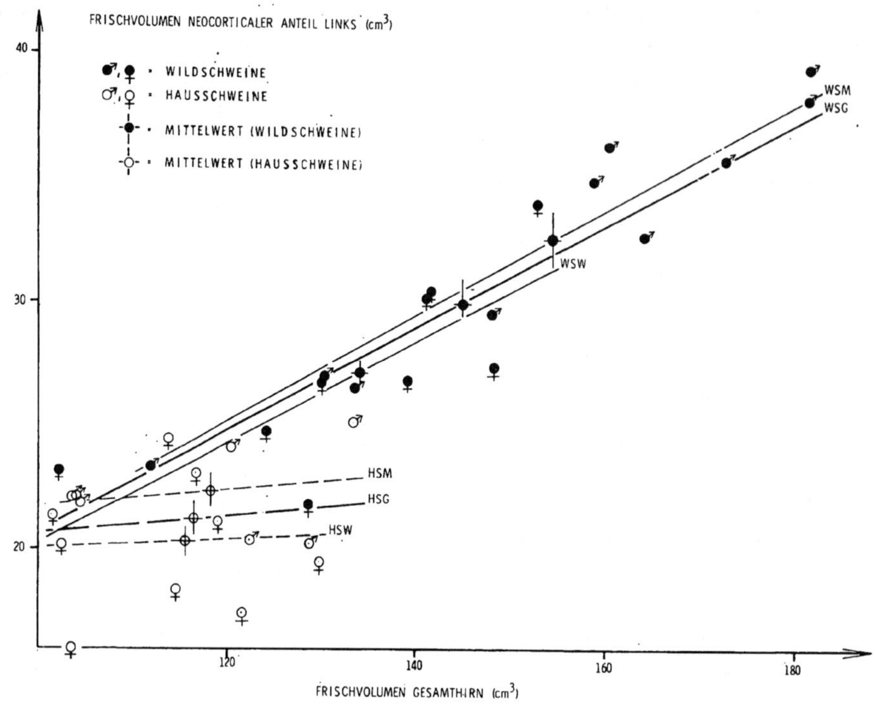

Abb. 15. Regressionsgerade für die Beziehung zwischen dem Frischvolumen des neocorticalen Anteils der linken Hemisphäre und dem Frischvolumen des Prosencephalon der linken Hemisphäre.

gebnisse. Die Werte weichen nur unerheblich voneinander ab.

Die Beziehung zwischen dem Volumen des neocorticalen Anteils der linken Hemisphäre und dem Volumen des Prosencephalon der linken Hemisphäre ist bei der Wildschweinstichprobe linear proportional.

Der Regressionskoeffizient ist mit $A = 0{,}49 \pm 0{,}005$ gleich groß wie der in der Gesamtbeziehung; ebenso der Korrelationskoeffizient mit $R = 0{,}69$.

Für die Hausschweine läßt sich in der linken Hemisphäre wiederum keine Beziehung der Hirnteilvolumina sichern ($R = 0{,}30$).

Für die rechte Hemisphäre ergeben sich bei den Wildschweinen ähnliche Werte. Der Regressionskoeffizient $A = 0{,}48 \pm 0{,}005$ weicht nur unerheblich vom Wert der linken Hemisphäre ab; ebenso R mit 0,91.

Bei den Hausschweinen ist die Volumenbeziehung nicht signifikant für die männlichen und weiblichen Individuen, jedoch erreicht der Korrelationskoeffizient der gemeinsamen Regression einen gesicherten Wert ($R = 0{,}66$; $F(1{,}14) = 10{,}70$).

Abb. 16 zeigt den Zusammenhang zwischen dem Frischvolumen des „Rest"prosencephalon und dem Frischvolumen des Prosencephalon.

Die absolute Konstante B ist bei den Wildschweinen nicht signifikant. Mit Ausnahme der Regression der weiblichen Tiere ist die Beziehung linear — bei der weiblichen Stichprobe ist eine quadratische Regression signifikant besser. Der Parameter $A = 0{,}46 \pm 0{,}005$; der Korrelationskoeffizient mit $R = 0{,}95$ sehr hoch.

Bei den Hausschweinen erreicht die absolute Konstante B nur bei den männlichen Tieren einen schwach signifikanten Wert ($IW = 0{,}04$). Da das Programm REV aber zeigt, daß die Einzelregressionen in eine gemeinsame überführt werden können und diese keinen gesicherten B-Wert hat, ist es in einer guten Näherung anzunehmen, daß es sich bei den Hausschweinen auch um einen proportionalen Zusammenhang zwischen dem Volumen des „Rest"prosencephalon und dem Volumen des Prosencephalon handelt.

$A = 0{,}49 \pm 0{,}01$; der Korrelationskoeffizient mit $R = 0{,}84$ ist ebenfalls hoch.

Abb. 17 zeigt nun die Abhängigkeit des Frischvolumens der Hippocampusformation vom Frischvolumen des Prosencephalon.

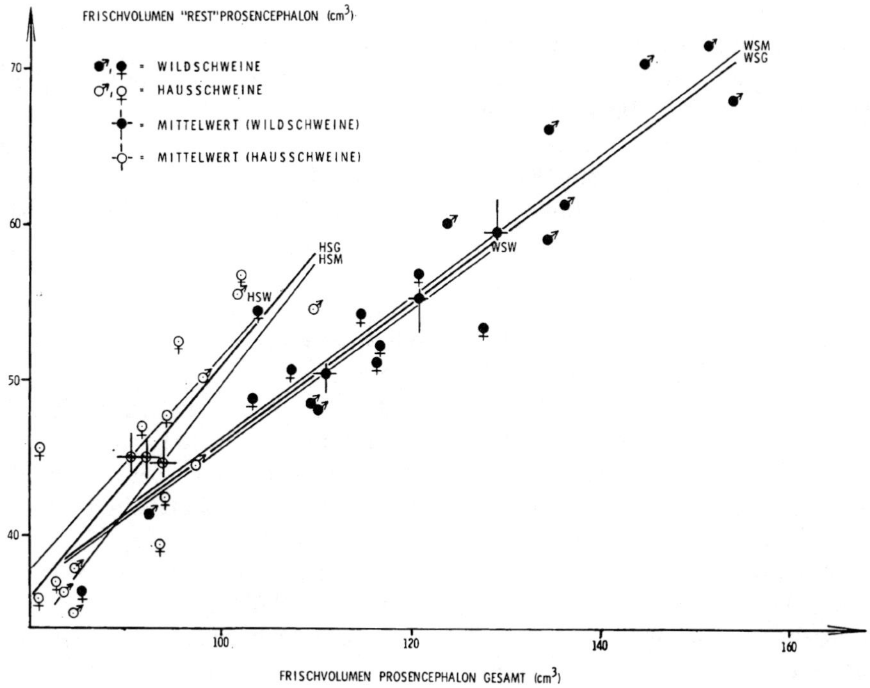

Abb. 16. Regressionsgerade für die Beziehung zwischen dem Frischvolumen des „Rest“prosencephalon und dem Frischvolumen des Prosencephalon bei Wild- und Hausschweinen.

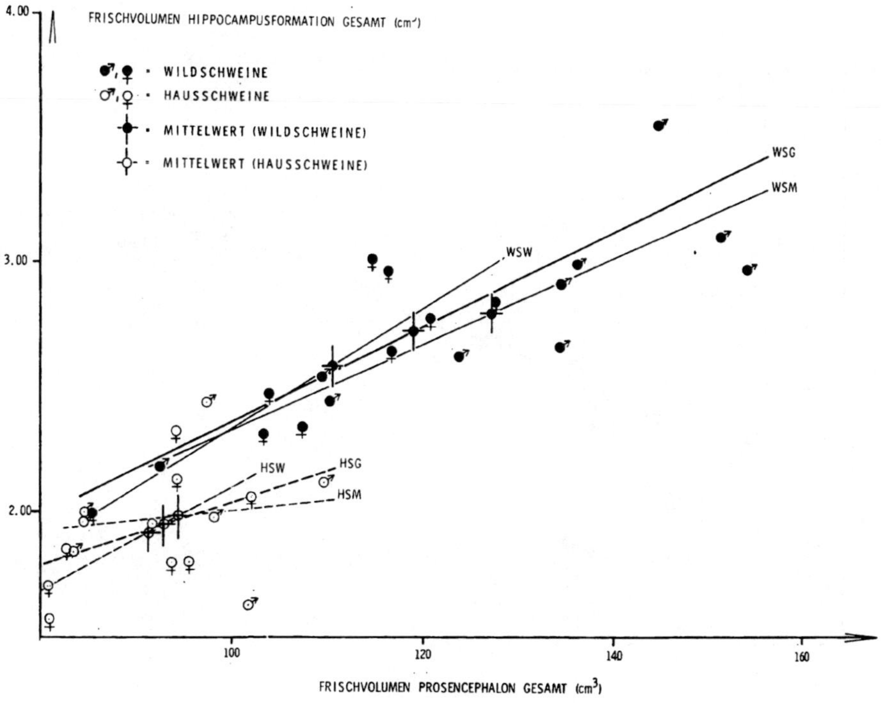

Abb. 17. Regressionsgerade für die Beziehung zwischen dem Frischvolumen der Hippocampusformation und dem Frischvolumen des Prosencephalon.

Für die Wildschweine ergibt sich folgendes Bild: Bei der männlichen und weiblichen Stichprobe ist die absolute Konstante B jeweils nicht signifikant (T(8) = 1,63; T(7) = 0,06). Bei der gemeinsamen Regression jedoch ist B schwach signifikant (T(17) = 2,2). Dies gilt sinngemäß auch für die Teilbeziehung zwischen dem Volumen der Hippocampusformation und dem Volumen des Prosencephalon der linken Hemisphäre.

Für die Volumenbeziehung der rechten Hemisphäre dagegen erreicht B der gemeinsamen Regression keinen statistisch gesicherten Wert (T(17) = 1,7).

Über die Art der Beziehung (Proportionalität) läßt sich in meiner Stichprobenauswahl auch nur in guter Näherung nichts aussagen. Eine Erhöhung der Stichprobenzahl ist hier nötig.

Der Regressionskoeffizient für die Wildschweine lautet A = 0,016 ± 0,002; B = 0,70 ± 0,3. Der Korrelationskoeffizient R = 0,85.

Bei den Hausschweinen läßt sich statistisch keine Beziehung zwischen dem Volumen der Hippocampusformation und dem Volumen des Prosencephalon sichern (R = 0,40; F(1,14) = 2,8). Parameter, die signifikant von Null verschieden sind, lassen sich nicht mit genügend hoher Sicherheit finden.

Abb. 18 zeigt die Beziehung zwischen dem Frischvolumen der Hippocampusformation und dem Frischvolumen des Prosencephalon der linken Hemisphäre.

Für die Wildschweine errechnen sich A = 0,015 ± 0,003 und B = 0,44 ± 0,19. Der Korrelationskoeffizient R = 0,76.

Bei den Hausschweinen sind sowohl der Korrelations- als auch der Regressionskoeffizient nicht signifikant (R = 0,1).

Die Beziehung zwischen dem Volumen der Hippocampusformation und dem Volumen des Prosencephalon zeigt bei den Wildschweinen für die rechte Hemisphäre ein ähnliches Bild (A = 0,017 ± 0,003; R = 0,85).

Bei den Hausschweinen jedoch erreicht der Korrelationskoeffizient mit R = 0,66 für die gesamte Stichprobe einen signifikanten Wert (A = 0,02 ± 0,005).

Abb. 19 zeigt die Abhängigkeit des Frischvolumens der Hippocampusformation vom Frischvolumen des neocorticalen Anteils des Prosencephalon bei Wild- und Hausschweinen.

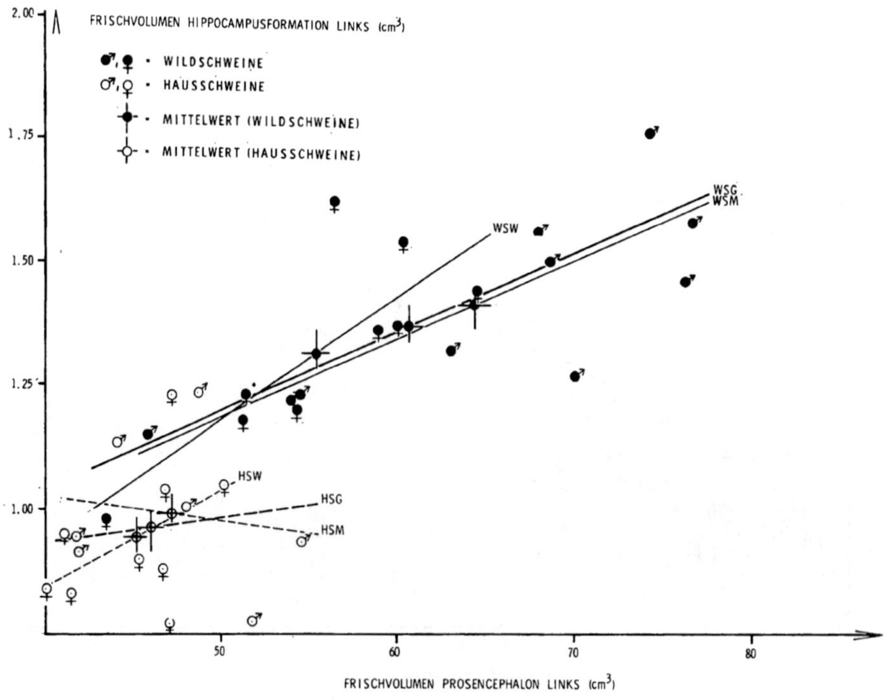

Abb. 18. Regressionsgerade für die Beziehung zwischen dem Frischvolumen der Hippocampusformation und dem Frischvolumen des Prosencephalon der linken Hemisphäre bei Wild- und Hausschweinen.

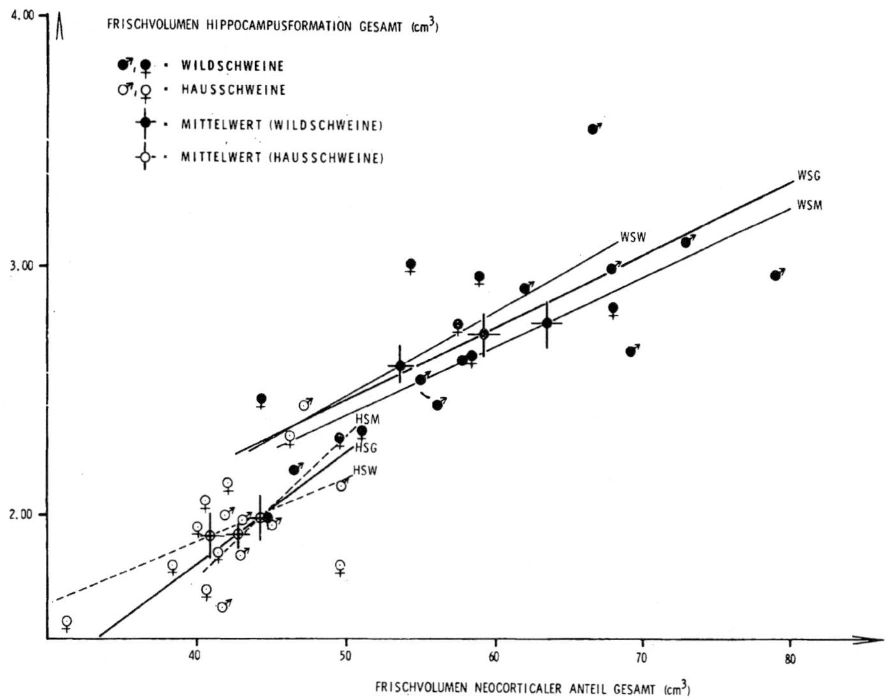

Abb. 19. Regressionsgerade für die Beziehung zwischen dem Frischvolumen der Hippocampusformation und dem Frischvolumen des neocorticalen Anteils.

Für die gesicherte Beziehung (R = 0,74) ergibt sich bei den Wildschweinen ein Regressionskoeffizient von A = 0,03 ± 0,006 und eine absolute Konstante B = 1,03 ± 0,37 (IW für B ist 0,014).

Bei den Hausschweinen ist die Volumenbeziehung mit R = 0,58 (F (1,14) = 6,95) gesichert. Die absolute Konstante B ist mit einer Irrtumswahrscheinlichkeit von IW = 0,21 nicht signifikant. A = 0,04 ± 0,001.

In den folgenden vier Abbildungen ist jeweils das Frischvolumen des Gesamthirns, des Prosencephalon, des neocorticalen Anteils des Prosencephalon und der Hippocampusformation gegen das Alter aufgetragen.

Für die eben genannten Beziehungen zeigt sich sowohl bei den Wild- als auch Hausschweinen, daß die absolute Konstante B mit einer Irrtumswahrscheinlichkeit von IW = 0,00 jeweils signifikant ist, das heißt, die angegebenen Beziehungen in meiner Stichprobe nicht proportional sind.

Ein gesicherter Alterseinfluß auf die Volumina des Gesamthirns und des Prosencephalon konnte bei der vorliegenden Stichprobenauswahl sowohl bei den Wild- als auch Hausschweinen festgestellt werden (R zwischen 0,75 und 0,95).

Ein signifikanter Alterseinfluß auf die Volumina der Hippocampusformation und des neocorticalen Anteils des Prosencephalon konnte alleine bei den Wildschweinen gesichert werden (R = 0,7).

Die Regressionsrechnung ergibt auch hier — wie schon in den voraus besprochenen Beziehungen — keinen gesicherten Geschlechtsunterschied bei den Wild- und Hausschweinen; dagegen einen signifikanten Unterschied zwischen der gemeinsamen Regression der Wild- und Hausschweinen gegenüber den Einzelregressionen.

Der unterschiedliche Achsenmaßstab ist wiederum zu berücksichtigen!

Das Frischvolumen des Gesamthirns ist in Abb. 20 gegen das Alter aufgetragen.

Die Rechnung ergibt für die Wildschweine A = 1,68 ± 0,3; B = 107 ± 7; der Korrelationskoeffizient beträgt R = 0,82; der Anstieg ist linear.

Für die Hausschweine lauten die Parameter A = 0,58 ± 0,1; B = 102 ± 3; der Korrelationskoeffizient ist mit R = 0,75 etwas niedriger; der Anstieg ist ebenfalls linear.

Die Beziehung des Frischvolumens des Prosencephalon zum Alter zeigt die Abb. 21.

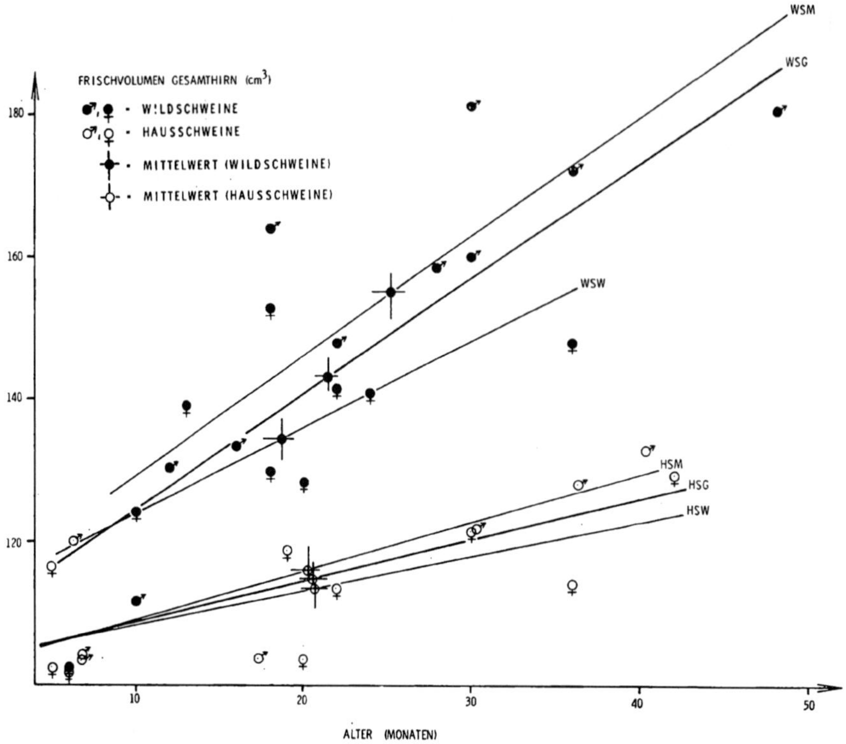

Abb. 20. Regressionsgerade für die Beziehung zwischen dem Frischvolumen des Gesamthirns und dem Alter bei Wild- und Hausschweinen.

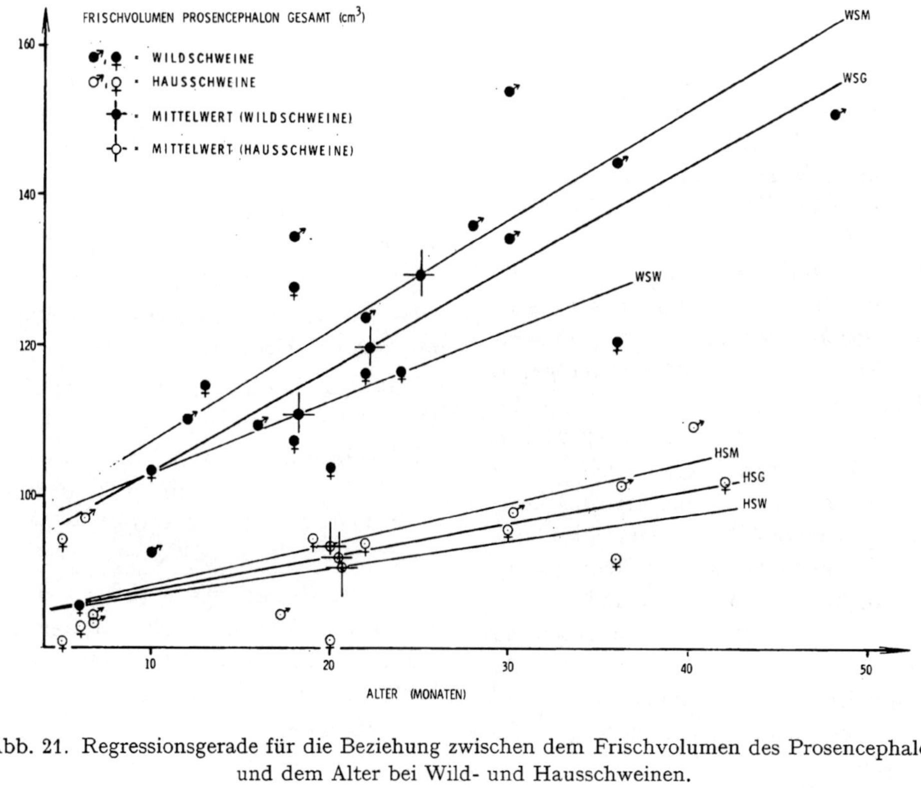

Abb. 21. Regressionsgerade für die Beziehung zwischen dem Frischvolumen des Prosencephalon und dem Alter bei Wild- und Hausschweinen.

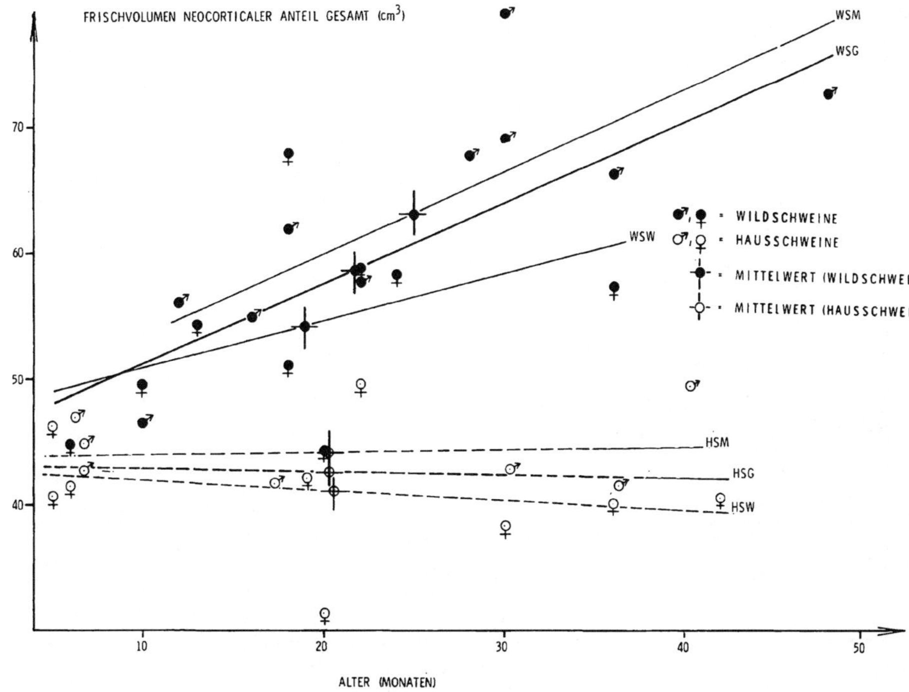

Abb. 22. Regressionsgerade für die Beziehung zwischen dem Frischvolumen des neocorticalen Anteils und dem Alter bei Wild- und Hausschweinen.

Der Korrelationskoeffizient ist bei den Hausschweinen mit $R = 0{,}71$ etwas niedriger als bei den Wildschweinen ($R = 0{,}81$). Der Regressionskoeffizient für die Wildschweine ist $A = 1{,}4 \pm 0{,}25$; die Konstante $B = 89 \pm 6$. Die entsprechenden Parameter der Hausschweine lauten $A = 0{,}44 \pm 0{,}2$ und $B = 83 \pm 3$. Der Anstieg der Geraden ist jeweils linear.

Abb. 22 zeigt die Abhängigkeit des Frischvolumens des neocorticalen Anteils vom Alter.

Eine signifikante Beziehung zwischen den Variablen läßt sich alleine bei den Wildschweinen sichern ($R = 0{,}72$). Die Parameter lauten $A = 0{,}65 \pm 0{,}15$ und $B = 45 \pm 4$. Für die Hausschweine erreichen die Regressions- und Korrelationskoeffizienten keine signifikanten Werte ($R = 0{,}09$; $IW_A = 0{,}8$).

In Abb. 23 ist die Beziehung zwischen dem Frischvolumen der Hippocampusformation und dem Alter aufgetragen.

Die Regressionsrechnung zeigt, daß sich eine signifikante Beziehung nur bei den männlichen Wildschweinen sichern läßt. Da sich die männliche und weibliche Einzelregression aber in eine gemeinsame Regression überführen läßt ($F(2{,}15) = 0{,}15$), und der Korrelationskoeffizient dieser Regression ($R = 0{,}71$) mit $F(1{,}17) = 16{,}8$ ausreichend gesichert ist, kann in einer guten Näherung eine signifikante Beziehung bei den Wildschweinen angenommen werden. Die Parameter dieser Beziehung lauten $A = 0{,}025 \pm 0{,}005$; $B = 2{,}2 \pm 0{,}15$.

Für die Hausschweine sind die Regressions- und Korrelationskoeffizienten wiederum nicht signifikant ($R = 0{,}15$; $IW_A = 0{,}6$).

Diskussion

„Außer einem Vergleich der Arealgrößen des Großhirns, des Furchenmusters, der Furchenlänge und Tiefe sowie des Feinbaus der Rinde bei Wild- und Haustieren (Herre 1958a, b; Herre und Stephan 1956; Lunau 1956; Stephan 1951, 1954) ist auch eine bessere Kenntnis der Hirngewichtsveränderungen im Hausstand und die Auswertung dieser Daten mit den Methoden der Allometrieforschung dringend notwendig", erkannten Frick und Nord 1963. Dieser Satz charakterisiert den heutigen Stand der Domestikationsforschung am Gehirn; denn die bisherigen Untersuchungen beschränkten sich fast aus-

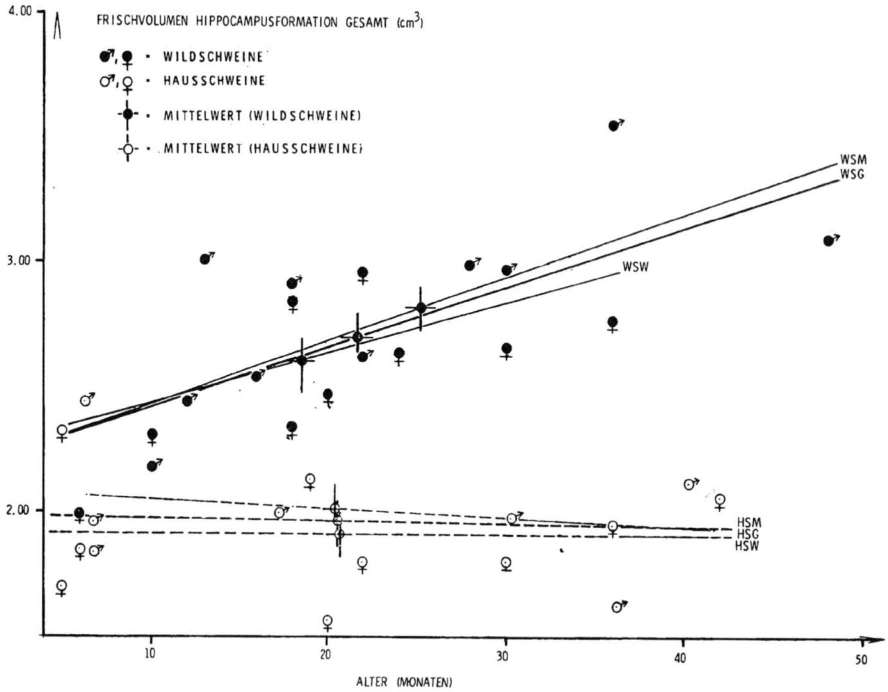

Abb. 23. Regressionsgerade für die Beziehung zwischen dem Frischvolumen der Hippocampusformation und dem Alter bei Wild- und Hausschweinen.

schließlich auf den Gewichtsvergleich des Gesamtgehirns und die vergleichende morphologische Oberflächenbetrachtung zwischen der Wild- und Domestikationsform, abgesehen von einigen cytoarchitektonischen Arbeiten, in denen die Oberflächen jedoch keine Volumina bestimmt wurden. Statistische Sicherungen der vermeintlichen Domestikationsunterschiede geschehen fast nie, Mittelwerte werden zwar angegeben, dagegen selten Streuungsmaße wie Varianz, Standardabweichung und Standardfehler, deren Kenntnisse zu biometrischen Vergleichen jedoch unerläßlich sind.

Für die errechneten Mittelwerte (± Standardabweichung des Mittelwertes) der Frischvolumina von Prosencephalon, neocorticalem Anteil, „Rest"-prosencephalon und Hippocampusformation sowie deren mathematische Volumenbeziehungen finden sich bis zur heutigen Literatur wenig entsprechende Vergleichswerte. Ein Grund dafür liegt wohl darin, daß erst die von KRETSCHMANN und VOSSIUS (1968) entwickelte Nativmakrotomie mit der anschließenden Datenverarbeitung auf einer Großrechenanlage es ermöglicht, ausreichend große und repräsentative Gruppen methodisch zu untersuchen (KRETSCHMANN und WINGERT 1969).

Vergleicht man die hier ermittelten Hirnfrischgewichte der Wild- und Hausschweine mit denen in der bisherigen Literatur, so wird ersichtlich, daß dort mit wenigen Ausnahmen jeweils ein Maß für die Auswahl der Stichproben fehlt, die, um statistisch miteinander verglichen werden zu können repräsentationsgleich, strukturgleich und beobachtungsgleich sein müssen.

Bei einer vergleichenden Studie an Schweinegehirnen stellt das Alter ein brauchbares Maß für die Auswahl der Stichproben dar, denn die Körpergröße als Bezugssystem ist kaum verwendbar, da ja das Hausschwein vom Menschen künstlich gemästet wird und somit kein natürliches Körpergewicht besitzt. Leider wird das Alter der untersuchten Individuen wenig berücksichtigt, in den meisten Fällen überhaupt nicht angegeben oder mit „erwachsen" und „weniger erwachsen" nur grob charakterisiert.

Ebensowenig wie auf das Alter wurde auf eine entsprechend repräsentative Anzahl der zu untersuchenden Tiere geachtet, denn „Angaben, die sich nur auf die Untersuchung eines einzigen Individuums stützen, sind meist wertlos" (STARCK 1965).

So untersucht LUNAU (1956) nur zwei Wildschweingehirne (2 und 4 Jahre). Er betont dabei selbst, daß die untersuchte Anzahl zu gering ist, um Unterschiede statistisch zu sichern.

Angaben mit Mittelwerten $\pm$ Standardfehler des Mittelwertes und Variationsbreiten finden sich bei RAWIEL (1939). Er gibt bei 25 Wildschweinen ein durchschnittliches Hirnfrischgewicht von 166 $\pm$ 3,5 g an (gewogen mit Dura und Pia mater) mit einer Streubreite von 140—192 g.

RAWIEL (1939) untersuchte auch den Einfluß des Geschlechts auf das Hirngewicht bei Wildschweinen und verschiedenen Hausschweinrassen. Er stellte fest, daß „die männlichen Gehirne im Durchschnitt deutlich schwerer sind als die weiblichen. Dies trifft sowohl für die einzelnen Haustierrassen als auch für die Wildschweine zu." Eine Ausnahme bilden bei ihm die veredelten deutschen Landschweine, hier findet er keinen Geschlechtsdimorphismus, „was vielleicht auch nur ein Zufallsbefund darstellt". Nach den Ergebnissen dieser Arbeit scheint sich der fehlende Geschlechtsdimorphismus bei dieser Hausschweinrasse zu erhärten.

Viele Untersuchungen an Wild- und Haustiergehirnen haben ergeben, daß im Zustand der Domestikation das Gehirn eine Reduktion bis zu etwa 30% erfährt (RÖHRS 1955; LUNDHOLM 1947; LAPICQUE und GIRARD 1907; NOBIS 1955; BRAHAMIE 1926; VERMEULEN 1925; CHOINOWSKI 1958; MÜLLER 1919; TIEMANN und JAESCHKE 1954; STEPHAN 1954). KLATT (1912) gibt für die Hausschweine gegenüber der Wildform eine Gehirnabnahme von 21% an; HERRE (1936) errechnet etwa 20%; STEPHAN (1951) etwa 30% und nach RAWIELS Vergleichen ergibt sich etwa eine 20%ige Hirnabnahme im Hausstand.

Die eigenen Ergebnisse zum Vergleich lauten: Das mittlere Frischgewicht der Hausschweingehirne ist mit 118 $\pm$ 3 g um etwa 31 g (21%) leichter als das der Wildschweine (149 $\pm$ 5 g), dieser Unterschied ist für eine Irrtumswahrscheinlichkeit von 5% gesichert. Sie stimmen somit gut mit denen in der bisherigen Literatur überein.

Wenn man aber die Domestikationsveränderungen nur am Gesamthirngewicht betrachtet, so ist eine Deutung der Ergebnisse nicht aussagekräftig genug, denn das Gehirn besteht ja aus einzelnen „Organteilen", die untereinander verschieden zu- bzw. abnehmen können. Daher sind statistisch gesicherte Untersuchungen dieser Hirnregionen sowie die Erfassung ihrer mathematischen Abhängigkeiten notwendig, um den Einfluß der Domestikation am Gehirn besser beurteilen zu können.

Obwohl genaue Teilwägungen am Gehirn noch fehlen, schlossen einige Autoren allein aus der morphologischen Betrachtungsweise (KLATT 1921a, b; HERRE 1936; RAWIEL 1939), daß beim Schwein nicht alle Hirnteile gleichmäßig abnehmen, sondern in erster Linie das Großhirn und hierin besonders das Hinterhirn. KLATT engte das Gebiet noch weiter auf den Gyrus marginalis Bereich ein.

Bei meiner Wildschweinstichprobe mißt das mittlere Frischvolumen des Prosencephalons 120 $\pm$ 4 ccm und liegt damit um 28 ccm (23%) höher als das der Hausschweine (92 $\pm$ 2 ccm). Dieser Unterschied ist statistisch mit einem Signifikanzniveau von 95% gesichert. Nach der Regressionsrechnung ergibt sich für die proportionale Beziehung zwischen dem Frischvolumen des Prosencephalons und dem des Gesamthirns bei den Wildschweinen ein Regressionskoeffizient von $A = 0{,}83 \pm 0{,}002$ ccm und von $A = 0{,}80 \pm 0{,}003$ ccm bei den Hausschweinen.

Der Unterschied in der Steigung der Geraden ist statistisch gesichert ($2P = 0{,}05$); nimmt das Frischvolumen des Gesamthirns durchschnittlich um 1 ccm zu, so wächst das mittlere Frischvolumen des Prosencephalons bei den Wildschweinen um 0,83 ccm und das der Hausschweine um 0,80 ccm. In meiner Stichprobe hat sich also ergeben, daß die Regressionsgerade der Hausschweine unterhalb der der Wildschweine verläuft.

Nach Berechnungen LUNAUS (1956) ergibt sich, daß Iso- und Allocortex von den wilden zu den domestizierten Formen in gleichem Maße abgenommen haben. Die Abnahme beträgt 30%.

LUNAU bettete zwei Wild- und acht Hausschweingehirne in Paraffin ein, zerlegte sie in 20 µ dicke Scheiben, zeichnete jeden zwanzigsten Schnitt im Maßstab 1 : 5 und planimetrierte die Areale.

Aus meiner Stichprobe errechnet sich eine Differenz in den mittleren Frischvolumina des neocorticalen Anteils von 17 ccm (29%) zwischen der Wild- und Domestikationsform. Der Wert stimmt mit dem LUNAUS gut überein, obwohl dieser nur zwei Wildschweingehirne untersuchte.

In der Domestikation sollen einzelne Teile des Isocortex verschieden abnehmen (KLATT 1921a; HERRE 1936; RÖHRS 1955). STEPHAN (1951) konnte den Befund cytoarchitektonisch an Schweinegehirnen feststellen.

Innerhalb des Allocortex nimmt nach LUNAUS Messungen an 10 Schweinegehirnen die Hippocampusformation stärker ab als der restliche Teil.

STEPHAN (1954) fand nach einer Hirnstudie an weißen und Wanderratten, daß die Hippocampusformation keine relativen Größenunterschiede zeigt.

In meiner Stichprobe hat sich eine gesicherte Differenz in den mittleren Frischvolumina der Hippocampusformation von 0,8 ccm (29%) zwischen den Wild- und Hausschweinen ergeben. Damit besteht in meiner Stichprobe aber kein statistisch gesicherter Unterschied in den mittleren Frischvolumina von Prosencephalon und Hippocampusformation, denn die Differenzen von 33% und 29% sind nicht signifikant voneinander verschieden.

Auffällig ist, daß die Frischvolumina der Hirnregionen zum Gesamthirn bei den Wildschweinen strenger korrelieren (R zwischen 0,85 und 0,99) als bei den Hausschweinen. Bei den Hausschweinen dagegen sind signifikante Beziehungen nur zwischen dem Frischvolumen des Gesamthirns und den Teilvolumina Prosencephalon und „Rest"-prosencephalon zu sichern. Die Korrelationskoeffizienten für die Beziehungen der anderen Teilvolumina, neocorticaler Anteil und Hippocampusformation, erreichen jeweils keine signifikanten Werte (2 P = 0,05). Ein Grund dafür könnte z. B. die zu kleine Zahl der Stichprobe bei den Hausschweinen sein. Wie schon erwähnt, wurde das Alter als Maß der Stichproben zusammensetzung genommen. Dabei weichen die Mittelwerte bei den Wild- und Hausschweinen nicht signifikant voneinander ab. Trotzdem scheint es sich bei den von mir untersuchten Hausschweinen um ein heterogenes Material zu handeln. Welchen Einfluß eine Erhöhung der Stichprobenanzahl oder ein Vergleich mehrerer Hausschweinrassen mit Wildschweinen auf die Ergebnisse hat, bleibt späteren Untersuchungen vorbehalten.

Eine Erhöhung der Anzahl der Hausschweine könnte dazu führen, daß der Korrelationskoeffizient für die Volumenbeziehungen zwischen dem neocorticalen Anteil und dem Gesamthirn z. B. signifikant würde. Daher darf die Interpretation der gesicherten oder nicht gesicherten Beziehungen nicht überbewertet werden. Deutlich ist jedoch, daß die Werte der Hausschweine graphisch beurteilt erheblich mehr streuen als die der Wildschweine.

Erst nach Fertigstellung dieser Arbeit konnte ich die Veröffentlichung von KRUSKA (1970) einsehen.

KRUSKA stellt folgende prozentualen Abnahmen der einzelnen Hirnregionen im Hausstand fest: Medulla oblongata 22,9%; Kleinhirn 24,9%; Mittelhirn 24,2%; Zwischenhirn 31,5%; Endhirn 34,9%. Obgleich KRUSKA keine statistische Sicherung der Ergebnisse vornimmt — bei dem vorgegebenen Stichprobenumfang liegen die Angaben bei einem Signifikanzniveau von 95% innerhalb des Vertrauensbereiches — so besteht doch eine Koinzidenz mit den hier vorliegenden Ergebnissen. Dies ist um so wichtiger, als die Ergebnisse unabhängig voneinander mit zwei verschiedenen Methoden (Paraffineinbettung-Nativmakrotomie) gewonnen wurden. Es scheint sich demnach zu bestätigen, daß die höher entwickelten Hirnzentren in der Domestikation relativ stärker abnehmen als die übrigen.

Zusammenfassung

Bei 19 Wildschweingehirnen (10 ♂, 9 ♀) und 16 Hausschweingehirnen (7 ♂, 9 ♀; veredeltes deutsches Landschwein) wurden nach einer neuen Methode, die es ermöglicht, Gehirne in frischem Zustand zu schneiden, die Frischvolumina Prosencephalon, neocorticaler Anteil, Hippocampusformation und „Rest"prosencephalon bestimmt, um Unterschiede in der Größe verschiedener Hirnregionen bei der Wild- und der Domestikationsform statistisch zu erfassen.

Die zwei Kollektive wurden so ausgewählt, daß sie möglichst gleichaltrig waren. Die statistische Prüfung ergab, daß das mittlere Alter (± Standardfehler des Mittelwertes) bei den Wildschweinen 22 ± 2 Monate betrug und damit nicht signifikant verschieden vom mittleren Alter der Hausschweine (20 ± 3 Monate) bei 2 P = 0,05 war.

Eine Altersabhängigkeit der Frischvolumina des Gesamthirns und des Prosencephalons konnte bei den vorliegenden Stichproben sowohl bei den Wild- als auch Hausschweinen ausreichend gesichert werden (R zwischen 0,75 und 0,95). Ein signifikanter Alterseinfluß auf die Frischvolumina neocorticaler Anteil und Hippocampusformation war nur bei den Wildschweinen zu sichern (2 P = 0,05).

Es zeigte sich, daß nur in der Wildschweinstichprobe die Mittelwerte der Frischvolumina des Gesamthirns, des Prosencephalon und des neocorticalen Anteils bei der weiblichen Form statistisch gesichert unterhalb denen der männlichen liegen (2 P = 0,05).

Die Mittelwerte der Frischvolumina aller untersuchten Hirnregionen sind bei den Hausschweinen statistisch gesichert kleiner als bei den Wildschweinen.

Für die Beziehungen zwischen den Frischvolumina der untersuchten Hirnregionen und dem Frischvolumen des Gesamthirns ergibt sich bei den Wildschweinen eine gesicherte Abhängigkeit bei einer hohen positiven Korrelation (Korrelationskoeffizient R zwischen 0,85 und 0,99). Bei den Hausschweinen besteht eine signifikante Beziehung nur zwischen den Frischvolumina Prosencephalon, „Rest"prosencephalon und Gesamthirn (R zwischen 0,84 und 0,99).

Nach der Regressionsrechnung ergibt sich, daß sowohl bei den Wild- als auch Hausschweinen die für die Geschlechter getrennt ermittelten Regressionsgeraden nicht signifikant voneinander abweichen; sie lassen sich also in eine gemeinsame Regression zusammenfassen.

Weiterhin zeigt sich, daß die für die Wild- und Hausschweine getrennt errechneten Regressionen für die Beziehungen zwischen den Frischvolumina Prosencephalon, „Rest"prosencephalon, neocorticaler Anteil, Hippocampusformation und Gesamthirn signifikant voneinander abweichen (2 P = 0,05).

Damit sind sowohl in den absoluten Größen als auch in den Regressionen der Hirnfrischvolumina der untersuchten Hirnregionen zum Gesamthirn wesentliche Unterschiede zwischen der Wild- und Domestikationsform in den vorliegenden Stichproben biometrisch gesichert worden.

Summary

By a new method which permits dissection of the brain in a fresh condition, the fresh volumes of the prosencephalon, of the neocortical part, of the hippocampus formation, and of the "residual" prosencephalon have been determined in 19 wild boar (10 ♂, 9 ♀) and in 16 domestic pigs (7 ♂, 9 ♀; improved breed of German common pig), with the object of creating a statistical record of the difference in size of the various areas between wild and domestic animals.

The two groups were selected, as far as possible, on the basis of equal age. The average age (plus/minus standard error of the mean value) is 22 ± 2 months in the case of the wild boar. This is not significantly different from the average age of the domestic pigs of 20 ± 3 months (2 P = 0,05).

The random tests were sufficiently representative to establish a positive correlation between age and fresh volume of the total brain and of the prosencephalon, in both the wild and domestic animals (R between 0,75 and 0,95). On the fresh volume of the neocortical part and of the hippocampus formation such an ageing effect was found only in the wild variety (2 P = 0,05).

In the sample of wild boar, but not of the domestic pigs, the mean fresh volumes of the total brain, of the prosencephalon, and of the neocortical part were statistically smaller in the females than in the males (2 P = 0,05).

The mean fresh volumes of all the brain areas examined proved to be statistically smaller in the domestic animals.

In the case of the wild boar a high positive correlation (R between 0,85 and 0,99) has been demonstrated between the fresh volumes of the total brain and of all the brain areas examined separately.

In the case of the domestic pigs, the only significant correlation exists between the total brain and the fresh volumes of the prosencephalon and of the "residual" prosencephalon (R between 0,84 and 9,99).

The regression straight lines, which were established for both sexes separately, do not vary significantly in the sexes either for wild boar or domestic pigs; therefore it is possible to combine them into a single regression in both cases.

The regressions which were calculated to establish the correlation between the total brain and the prosencephalon, the "residual" prosencephalon, the neocortical part, and the hippocampus formation, differ significantly between the wild boar and the domestic pigs.

The results demonstrate the important differences between the wild animal and the domestic animal in the relation between the fresh volumes of the brain areas examined and the total brain, both in terms of absolute volumes and of regressions, which have been revealed by the random tests.

Danksagung

Allen, die mir bei der Anfertigung dieser Arbeit in irgend einer Weise behilflich waren, insbesondere den Herren VON YSENBURG-BÜDINGEN, Dr. med. vet. PETRI, Prof. Dr. med. K. WETZLER, O.-Amtm. EISELE, Reg. Dir. K. PETER, Amtm. RÜHL, O.-Reg.- u. Verm.-Rat Dipl. Ing. SCHNEIDER, cand. med. W. FRECKMANN, spreche ich hiermit meinen verbindlichsten Dank aus.

Abkürzungsverzeichnis für die Tabellen

FG = Frischgewicht (g)
FV = Frischvolumen (cm³)
PV = Planimetriertes Volumen (cm³)
P = Frischvolumen Prosencephalon cm³
PR = Frischvolumen Prosencephalon rechts cm³
PL = Frischvolumen Prosencephalon links cm³
NA = Frischvolumen neocorticaler Anteil des Prosencephalon cm³
NAR = Frischvolumen neocorticaler Anteil rechts cm³
NAL = Frischvolumen neocorticaler Anteil links cm³
NAH = Frischvolumen neocorticaler Anteil + Frischvolumen Hippocampusformation cm³
RP = Frischvolumen „Rest"prosencephalon cm³
HC = Frischvolumen Hippocampusformation cm³
HCR = Frischvolumen Hippocampusformation rechts cm³
HCL = Frischvolumen Hippocampusformation links cm³
BKG = Bruttokörpergewicht in Kilogramm (kg)
RL ≙ Rumpflänge in cm
Alter = Lebensalter in Monaten
G = Geschlecht, M = männlich; W = weiblich
A = Regressionskoeffizient
S(A) = Standardabweichung des Regressionskoeffizienten
IW = Irrtumswahrscheinlichkeit von B = 0
B = absolute Konstante
S(B) = Standardabweichung von B
VGR = Vertrauensgrenzen für die Parameter
R = Korrelationskoeffizient (R = Korrelationskoeffizient nicht signifikant)
NT = Normalitätstest
  + = Abweichung der Residuen von der Normalverteilung ist nicht signifikant
  (+) = schwach signifikant
  − = ist signifikant
F(KS) = Testwert zur Prüfung einer gemeinsamen Regression für die Geraden der Wild- und Hausschweine.

Tabelle 1. Urliste des Geschlechts: M = männlich, W = weiblich; des Alters in Monaten; des Bruttokörpergewichtes (kg); der Rumpflänge (cm); des Frischgewichtes (g); des Frischvolumens (cm³) und des planimetrierten Volumens (cm³), sowie des Frischvolumens der untersuchten Hirnzentren:

RP = Frischvolumen „Rest"prosencephalon cm³
P = Frischvolumen Prosencephalon cm³
PR = Frischvolumen Prosencephalon rechts cm³
PL = Frischvolumen Prosencephalon links cm³
NA = Frischvolumen neocorticaler Anteil cm³
HC = Frischvolumen Hippocampusformation cm³

Nr.	G	ALT	BKG	RL	FG	FV	PV	RP	P	PR	PL	NA	NAR	NAL	NAH	HC	HCR	HCL
								Wildschweine										
S 08	M	18	29	77	169	164	161	66	134	66	68	62	29	33	65	2.91	1.35	1.56
S 09	M	10	9	54	115	112	113	39	93	47	46	47	23	23	49	2.18	1.04	1.15
S 10	M	48	100	105	187	181	176	72	151	75	76	73	36	38	66	3.10	1.52	1.58
S 16	M	30	42	96	165	160	155	59	134	64	70	69	33	36	72	2.66	1.40	1.27
S 19	M	36	49	90	178	173	167	71	145	71	74	66	31	36	70	3.55	1.78	1.76
S 21	M	12	19	70	134	130	128	48	110	56	54	56	29	27	59	2.44	1.21	1.23
S 22	M	16	24	78	138	133	132	49	109	55	54	55	28	27	58	2.54	1.31	1.22
S 23	M	28	43	86	164	159	158	61	136	77	69	68	33	35	71	2.99	1.50	1.50
S 24	M	30	54	94	187	182	182	68	154	78	76	79	39	39	82	2.97	1.51	1.46
S 26	M	22	34	80	153	148	143	60	124	61	63	58	28	29	60	2.62	1.30	1.32
S 02	W	10	23	74	128	124	119	49	103	52	51	50	25	25	52	2.31	1.13	1.18
S 03	W	13	23	77	143	139	138	54	11	58	56	54	28	27	57	3.01	1.39	1.62
S 04	W	22	40	88	146	142	138	51	116	56	60	59	28	30	62	2.96	1.43	1.54
S 07	W	20	23	78	132	129	126	54	104	52	51	44	23	22	47	2.47	1.24	1.23
S 12	W	36	38	86	153	148	142	57	121	61	60	57	30	27	60	2.77	1.40	1.37
S 13	W	18	37	79	157	153	150	50	128	63	64	68	34	34	71	2.84	1.40	1.44
S 14	W	6	12	60	105	102	101	36	86	42	43	45	22	23	47	1.99	1.01	0.98
S 18	W	18	25	18	134	130	127	51	107	53	54	51	24	27	53	2.34	1.13	1.20
S 20	W	24	28	83	145	141	137	52	116	58	59	58	28	30	61	2.64	1.28	1.36
								Hausschweine										
K 01	M	6	134	124	123	120	114	44	97	49	48	47	23	24	49	2.43	1.20	1.23
K 06	M	6	94	106	106	103	109	35	84	42	42	45	23	22	47	1.95	1.03	0.91
K 07	M	7	103	107	107	104	104	36	83	42	41	43	21	22	44	1.83	0,89	0.94
K 10	M	17	131	119	106	103	104	38	84	40	44	42	20	22	44	1.99	0,86	1.13
K 29	M	30	275	198	126	122	125	50	98	50	48	43	22	20	45	1.97	0,97	1.00
K 30	M	40	288	210	137	133	134	54	109	55	54	49	24	25	51	2.11	1.18	0.93
K 31	M	36	275	205	132	128	128	55	101	50	52	41	21	20	43	1.62	0.85	0.77
K 11	W	5	121	116	120	116	117	42	94	47	47	46	23	23	49	2.32	1.09	1.23
K 12	W	6	110	113	104	101	96	37	83	42	41	41	20	21	43	1.85	0.90	0.95
K 14	W	22	274	125	117	114	111	39	94	47	47	50	25	24	51	1.80	0.92	0.88
K 19	W	5	107	105	102	102	103	36	81	41	40	41	20	20	42	1.70	0.86	0.84
K 22	W	20	228	136	107	103	97	46	81	40	41	31	15	16	33	1.57	1.74	0.83
K 25	W	36	230	148	118	114	115	47	92	47	45	40	22	18	42	1.95	1.05	0.90
K 26	W	42	225	142	134	130	125	57	102	52	50	41	21	20	43	2.06	1.00	1.05
K 27	W	30	225	146	125	122	120	53	96	49	47	38	21	17	40	1.80	1.03	0.77
K 28	W	19	225	149	123	119	115	48	94	48	47	42	21	21	44	2.13	1.08	1.04

Tabelle 2. biometrische Parameter der Einzelstichproben (jeweils männlich und weiblich) und der gemeinsamen Stichproben (Wildschwein und Hausschwein gesamt)

	Mittelwert	Standard-abweichung	Standardfehler = Standard-abweichung des Mittelwertes	max.	min.	Spannweite
			Wildschwein gesamt			
FG	149.0	22.5	5.2	187.0	105.2	81.8
FV	144.7	21.8	5.0	181.5	102.1	79.4
PV	141.8	21.3	4.9	181.6	100.9	80.8
P	120.3	18.8	4.3	153.9	85.5	68.4
PR	59.7	9.0	2.0	77.7	42.1	35.6
PL	60.6	9.8	2.3	76.6	43.4	33.2
NA	58.9	9.7	2.2	78.9	44.4	34.5
NAR	29.0	4.6	1.0	39.5	21.6	17.9
NAL	29.9	5.3	1.2	39.4	21.8	17.6
NAH	61.6	10.1	2.3	82.5	46.3	36.5
RP	55.5	9.5	2.2	71.7	36.4	35.3
HC	2.7	0.4	0.08	3.6	2.0	1.6
HCR	1.3	0.2	0.04	1.8	1.0	0.8
HCL	1.4	0.2	0.04	1.8	1.0	0.8
BKG	34.4	19.9	4.6	100.0	9.3	90.7
RL	81.2	12.0	2.8	105.0	54.0	51.0
Alter	21.9	10.7	2.4	48.0	6.0	42.0
			Hausschwein gesamt			
FG	118.1	11.1	2.8	137.0	104.5	32.5
FV	114.7	10.7	2.7	133.0	101.5	31.5
PV	113.6	11.1	2.8	134.3	96.2	38.1
P	92.0	8.5	2.1	109.0	80.9	28.1
PR	46.1	4.5	1.1	54.8	39.6	15.2
PL	46.2	4.5	1.1	54.3	40.0	14.3
NA	42.5	4.4	1.1	49.6	31.3	18.3
NAR	21.4	2.2	0.6	25.1	15.3	9.8
NAL	21.1	2.5	0.6	25.0	16.0	9.0
NAH	44.4	4.6	1.15	52.0	32.9	19.1
RP	44.9	7.5	1.9	56.8	34.8	22.0
HC	2.0	0.2	0.05	2.4	1.6	0.9
HCR	1.0	0.1	0.03	1.2	0.7	0.5
HCL	1.0	0.1	0.03	1.2	0.8	0.5
BKG	190.4	72.5	18.1	287.5	93.7	193.8
RL	140.6	35.0	8.8	210.0	105.0	105.0
Alter	20.4	13.7	3.4	42.0	5.0	37.0
			Wildschwein männlich			
FG	158.9	23.8	7.5	187.0	115.0	72.0
FV	154.2	23.1	7.3	181.5	111.7	69.8
PV	151.6	22.0	7.0	181.6	112.8	68.9
P	129.0	19.9	6.3	153.9	92.6	61.3
PR	64.0	9.5	3.0	77.7	46.8	30.9
PL	65.0	10.5	3.3	76.6	45.8	30.8
NA	63.2	9.6	3.0	78.9	46.5	32.4
NAR	30.9	4.4	1.4	39.5	23.2	16.3
NAL	32.3	5.5	1.7	39.4	23.3	16.1
NAH	66.0	10.0	3.1	82.4	48.4	33.7
RP	59.5	10.4	3.3	71.1	41.4	30.3
HC	2.8	0.4	0.1	3.6	2.2	1.4
HCR	1.4	0.2	0.06	1.8	1.0	0.8
HCL	1.4	0.2	0.06	1.8	1.2	0.6
BKG	40.4	25.1	7.9	100.0	9.3	90.7
RL	83.0	14.6	4.6	105.0	54.0	51.0
Alter	25.0	11.7	3.7	48.0	10.0	38.0

Tabelle 2. (Fortsetzung)

	Mittelwert	Standard-abweichung	Standardfehler = Standard-abweichung des Mittelwertes	max.	min.	Spannweite
			Hausschwein männlich			
FG	119.6	13.1	4.9	137.0	106.0	31.0
FV	116.1	12.7	4.8	133.0	102.9	31.0
PV	116.8	12.7	4.6	134.3	103.7	30.6
P	93.7	10.1	3.8	109.0	83.0	26.0
PR	46.8	5.3	2.0	54.8	40.5	14.3
PL	46.9	4.9	1.8	54.3	41.4	12.9
NA	44.1	2.9	1.1	49.3	41.4	7.9
NAR	21.9	1.6	0.6	24.3	19.5	4.8
NAL	22.2	1.8	0.7	25.0	20.2	4.8
NAH	46.1	3.2	1.2	51.7	43.0	8.7
RP	44.7	8.7	3.3	55.4	34.8	20.6
HC	2.0	0.3	0.09	2.4	1.6	0.8
HCR	2.0	0.1	0.05	1.2	0.9	0.4
HCL	2.0	0.2	0.05	1.2	0.8	0.5
BKG	185.8	88.6	33.5	287.5	92.7	103.8
RL	152.7	48.8	18.5	210.0	106.0	104.0
Alter	20.3	14.9	5.6	40.0	6.0	34.0
			Wildschwein weiblich			
FG	138.3	15.7	5.2	157.4	105.2	52.2
FV	134.2	15.2	5.0	152.8	102.1	50.7
P	110.6	12.3	4.1	127.6	85.5	42.1
PR	55.0	6.1	2.0	63.1	42.1	21.0
PL	55.6	6.3	2.1	64.4	43.4	21.0
NA	54.0	7.5	2.5	67.9	44.4	23.5
NAR	26.8	3.9	1.3	34.0	21.6	12.4
NAL	27.2	3.8	1.3	33.9	21.8	12.1
NAH	56.6	7.8	2.6	70.9	46.4	24.5
RP	50.9	5.9	1.9	56.9	36.4	20.5
HC	2.6	0.3	0.1	3.0	2.0	1.0
HCR	1.3	0.2	0.05	1.4	1.0	0.4
HCL	1.3	0.2	0.06	1.6	1.0	0.6
BKG	27.6	9.2	3.1	40.0	11.7	28.3
RL	69.2	8.9	2.9	88.0	60.0	28.0
Alter	18.6	8.7	2.9	36.0	6.0	30.0
			Hausschwein weiblich			
FG	117.0	9.9	3.3	133.7	104.5	29.2
FV	113.6	9.6	3.2	129.8	101.5	28.3
PV	111.1	10.2	3.4	125.4	96.2	29.2
P	90.7	7.4	2.5	102.0	80.9	21.1
PR	45.7	4.0	1.3	51.9	39.6	12.3
PL	45.1	3.4	1.1	50.2	40.0	10.2
NA	41.1	5.0	1.7	49.6	31.3	18.3
NAR	21.0	2.6	0.9	25.1	15.3	9.8
NAL	20.2	2.8	0.9	24.5	16.0	8.5
NAH	43.0	5.2	1.8	51.9	32.9	19.0
RP	44.9	7.0	2.3	56.8	35.9	20.9
HC	1.9	0.2	0.07	2.3	1.6	0.7
HCR	1.0	0.1	0.04	1.1	0.4	0.4
HCL	1.0	0.1	0.04	1.2	0.8	0.5
BKG	193.9	62.7	20.9	273.7	107.5	166.2
RL	131.1	16.8	3.6	149.0	105.0	44.0
Alter	20.5	13.6	4.5	42.0	5.0	37.0

Tabelle 3. Ergebnisse der Regressions- und Korrelationsrechnungen:

A = Regressionskoeffizient
S(A) = Standardabweichung des Regressionskoeffizienten
VGR = Vertrauensgrenzen für A bzw. B bei 95%
B = absolute Konstante
S(B) = Standardabweichung von B
IW = Irrtumswahrscheinlichkeit von B = 0
R = Korrelationskoeffizient
NT = Normalitätstest
+ = Abweichung der Residuen von der Normalverteilung ist nicht signifikant
(+) = ist schwach signifikant
— = ist signifikant
F = Wert des F-Testes

die anderen Abkürzungen wie in Tabelle 1.

	A	S(A)	VGR	B	S(B)	VGR	IW	R	F(KS)	NT
					Wildschweine gesamt					
PV/	0.97	0.020	0.042	1.10	3.19	6.67	0.73	0.99	0.45	+
FV	0.98	0.003	0.006	0.	0.	0.	0.	0.99	2.46	+
P/	0.85	0.019	0.034	−3.99	2.79	5.86	0.17	0.99	8.54	+
FV	0.83	0.002	0.059	0.	0.	0.	0.	0.99	41.90	+
PR/	0.41	0.014	0.029	0.02	2.11	4.43	0.99	0.99	2.39	+
FV	0.41	0.002	0.004	0.	0.	0.	0.	0.99	10.36	+
PL/	0.45	0.010	0.021	−4.02	2.18	4.58	0.08	0.99	6.99	+
FV	0.41	0.002	0.004	0.	0.	0.	0.	0.99	30.50	+
NA/	0.41	0.040	0.084	−0.63	5.86	12.31	0.91	0.93	8.27	+
FV	0.41	0.050	0.105	0.	0.	0.	0.	0.93	11.52	+
NAH/	0.42	0.040	0.084	−0.04	5.77	12.12	0.99	0.93	8.92	+
FV	0.42	0.005	0.011	0.	0.	0.	0.	0.93	12.21	+
RP/	0.41	0.030	0.063	−4.47	10.01	21.02	0.33	0.96	6.10	+
FV	0.38	0.004	0.008	0.	0.	0.	0.	0.96	4.60	(+)
HC/	0.01	0.002	0.004	0.59	0.31	6.51	0.07	0.85	7.70	(+)
FV	0.02	0.003	0.004	0.	0.	0.	0.	0.85	7.87	+
NA/	0.48	0.040	0.084	0.31	4.84	10.12	0.95	0.95	4.66	+
P	0.48	0.006	0.012	0.	0.	0.	0.	0.95	5.89	+
NAH/	0.50	0.039	0.082	1.02	4.74	9.98	0.83	0.95	5.09	+
P	0.51	0.005	0.011	0.	0.	0.	0.	0.95	6.26	+
RP/	0.47	0.039	0.082	−1.58	4.84	10.12	0.75	0.95	4.80	+
P	0.46	0.005	0.011	0.	0.	0.	0.	0.95	4.79	+
HC/	0.02	0.003	0.006	0.70	0.31	0.65	0.04	0.85	5.00	(+)
P	0.02	0.004	0.008	0.	0.	0.	0.	0.85	2.85	+
HCR/	0.02	0.003	0.006	0.28	0.15	0.32	0.08	0.86	3.13	(+)
P	0.02	0.004	0.008	0.	0.	0.	0.	0.86	2.44	+
HCL/	0.02	0.003	0.006	0.44	0.19	0.40	0.03	0.77	5.32	+
P	0.02	0.004	0.008	0.	0.	0.	0.	0.77	2.38	+
HC/	0.03	0.006	0.013	1.03	0.37	0.78	0.01	0.74	2.99	+
NA	0.04	0.001	0.002	0.	0.	0.	0.	0.74	0.01	+
FV	1.68	0.280	0.588	10.77	6.81	4.30	0.00	0.82	16.24	+
Alter	5.69	0.462	0.971	0.	0.	0.	0.	0.82	2.71	+
NA/	0.64	0.150	0.315	44.64	3.72	7.81	0.00	0.72	30.86	+
Alter	2.31	0.196	0.412	0.	0.	0.	0.	0.72	7.42	+
P/	1.42	0.250	0.525	88.94	6.08	12.77	0.00	0.81	7.11	+
Alter	4.74	0.380	0.798	0.	0.	0.	0.	0.81	1.37	+
HC/	0.02	0.006	0.013	2.16	0.15	0.32	0.00	0.71	42.55	+
Alter	0.10	0.009	0.019	0.	0.	0.	0.	0.71	6.89	+
BKG/	1.66	0.203	0.426	−2.20	4.94	10.37	0.66	0.89	168.00	+
Alter	1.58	0.085	0.179	0.	0.	0.	0.	0.89	102.00	+
RL/	0.97	0.138	0.290	59.91	3.36	7.10	0.00	0.86	69.40	+
Alter	3.20	0.255	0.536	0.	0.	0.	0.	0.86	12.65	+

Tabelle 3. (Fortsetzung)

	A	S(A)	VGR	B	S(B)	VGR	IW	R	F(KS)	NT
				Hausschweine gesamt						
PV/	0.99	0.084	0.178	0.33	9.67	20.49	0.97	0.95	0.45	+
FV	0.99	0.007	0.015	0.	0.	0.	0.	0.95	2.47	+
P/	0.78	0.038	0.081	2.37	4.39	5.02	0.60	0.98	8.55	P
FV	0.80	0.003	0.006	0.	0.	0.	0.	0.98	42.00	+
PR/	0.41	0.026	0.055	0.93	2.96	1.97	0.76	0.97	2.39	+
FV	0.40	0.002	0.004	0.	0.	0.	0.	0.97	10.36	+
PL/	0.37	0.026	0.055	3.28	2.97	6.95	0.29	0.97	6.99	+
FV	0.40	0.002	0.004	0.	0.	0.	0.	0.97	30.52	+
NA/	0.13	0.105	0.222	27.88	12.04	25.60	0.04	0.31*	8.27	+
FV	0.37	0.011	0.023	0.	0.	0.	0.	0.31*	11.52	+
NAH/	0.13	0.107	0.226	28.96	12.38	26.23	0.04	0.32*	8.92	+
FV	0.39	0.015	0.032	0.	0.	0.	0.	0.32*	12.22	+
RP/	0.64	0.079	0.167	−28.02	9.12	19.33	0.01	0.91	6.10	+
FV	0.39	0.009	0.019	0.	0.	0.	0.	0.91	0.98	+
HC/	0.01	0.005	0.011	1.09	0.63	1.33	0.11	0.34*	7.70	+
FV	0.02	0.001	0.002	0.	0.	0.	0.	0.34*	7.87	+
NA/	0.23	0.123	0.261	20.91	11.40	24.16	0.09	0.45*	4.66	+
P	0.46	0.012	0.025	0.	0.	0.	0.	0.45*	5.89	+
NAH/	0.24	0.126	0.267	21.82	11.71	24.81	0.08	0.46*	5.09	+
P	0.48	0.012	0.025	0.	0.	0.	0.	0.46*	6.26	+
RP/	0.74	0.129	0.273	−23.03	11.95	25.32	0.08	0.84	4.81	+
P	0.49	0.013	0.028	0.	0.	0.	0.	0.84	4.79	+
HC/	0.01	0.007	0.015	0.90	0.60	1.31	0.17	0.41*	5.01	+
P	0.02	0.001	0.002	0.	0.	0.	0.	0.41*	2.85	+
HCR/	0.02	0.006	0.013	0.13	0.26	0.55	0.64	0.66	3.12	+
P	0.02	0.001	0.002	0.	0.	0.	0.	0.66	2.44	+
HCL/	0.01	0.009	0.019	0.74	0.42	0.89	0.10	0.14*	5.32	+
P	0.02	0.001	0.002	0.	0.	0.	0.	0.14*	2.38	+
HC/	0.03	0.011	0.023	0.65	0.49	1.04	0.21	0.58	2.99	+
NA	0.04	0.001	0.002	0.	0.	0.	0.	0.58	0.01	+
FV/	0.59	0.138	0.292	102.68	3.38	7.16	0.00	0.75	37.36	+
Alter	4.12	0.596	1.263	0.	0.	0.	0.	0.75	4.47	(+)
NA/	0.03	0.086	0.182	43.10	2.09	4.43	0.00	0.10*	38.84	+
Alter	1.45	0.253	0.536	0.	0.	0.	0.	0.10*	7.42	−
P/	0.44	0.117	0.248	82.96	2.85	6.04	0.00	0.71	42.39	+
Alter	3.30	0.483	1.023	0.	0.	0.	0.	0.71	5.60	(+)
HC/	2.49	0.004	0.008	1.99	0.11	0.23	0.00	0.15*	42.55	+
Alter	0.07	0.012	0.025	0.	0.	0.	0.	0.15*	6.89	(+)
BKG/	4.57	0.714	1.513	96.97	17.39	36.85	0.00	0.86	168.76	+
Alter	7.91	0.673	1.426	0.	0.	0.	0.	0.86	102.59	+
RL/	2.01	0.421	0.892	99.42	10.25	21.72	0.00	0.79	69.41	+
Alter	5.44	0.615	1.303	0.	0.	0.	0.	0.79	12.65	+

	A	S(A)	VGR	B	S(B)	VGR	IW	R	NT
				Wildschwein männlich					
PV/	0.95	0.030	0.068	5.07	5.07	11.46	0.33	0.99	+
FV	0.98	0.004	0.009	0.	0.	0.	0.	0.99	+
P/	0.85	0.030	0.068	−3.03	−3.03	6,85	0.49	0.99	+
FV	0.83	0.004	0.009	0.	0.	0.	0.	0.99	+
PR/	0.40	0.023	0.052	1.56	1.56	3.53	0.67	0.99	+
FV	0.41	0.003	0.007	0.	0.	0.	0.	0.99	+
PL/	0.45	0.020	0.045	−4.60	−4.60	10.41	0.18	0.99	+
FV	0.42	0.003	0.007	0.	0.	0.	0.	0.99	+

Tabelle 3. (Fortsetzung)

	A	S(A)	VGR	B	S(B)	VGR	IW	R	NT
NA/	0.38	0.051	0.115	3.20	3.23	7.31	0.70	0.94	+
FV	0.41	0.007	0.016	0.	0.	0.	0.	0.94	+
NAH/	0.40	0.050	0.113	3.81	7.84	17.73	0.64	0.94	+
FV	0.42	0.006	0.014	0.	0.	0.	0.	0.94	+
RP/	0.43	0.036	0.081	−7.88	5.66	12.80	0.20	0.97	+
FV	0.38	0.005	0.011	0.	0.	0.	0.	0.97	(+)
HC/	0.01	0.003	0.007	0.58	0.48	1.01	0.26	0.85	(+)
FV	0.01	0.001	0.002	0.	0.	0.	0.	0.85	+
NA/	0.46	0.052	0.118	3.70	6.67	15.01	0.59	0.95	+
P	0.48	0.007	0.016	0.	0.	0.	0.	0.95	+
NAH/	0.47	0.048	0.109	4.35	6.37	14.41	0.51	0.96	+
P	0.51	0.006	0.014	0.	0.	0.	0.	0.96	+
RP/	0.50	0.049	0.111	−5.39	6.46	14.61	0.43	0.96	+
P	0.46	0.007	0.016	0.	0.	0.	0.	0.96	(+)
HC/	0.02	0.004	0.009	0.65	0.47	1.06	0.21	0.85	(+)
P	0.02	0.003	0.007	0.	0.	0.	0.	0.85	+
HCR/	0.02	0.004	0.009	0.26	0.27	0.61	0.36	0.83	—
P	0.02	0.001	0.002	0.	0.	0.	0.	0.83	+
HCL/	0.02	0.004	0.009	0.42	0.25	0.57	0.13	0.81	+
P	0.02	0.001	0.002	0.	0.	0.	0.	0.81	+
HC/	0.03	0.010	0.023	0.98	0.64	1.45	0.17	0.70	(+)
NA	0.04	0.002	0.005	0.	0.	0.	0.	0.70	+
FV/	1.68	0.362	0.819	112.16	9.89	22.37	0.00	0.85	+
Alter	5.42	0.573	1.296	0.	0.	0.	0.	0.85	+
NA/	0.65	0.171	0.387	46.73	4.68	9.68	0.00	0.81	+
Alter	2.22	0.241	0.545	0.	0.	0.	0.	0.81	+
P/	1.45	0.308	0.697	92.70	8.44	19.09	0.00	0.86	+
Alter	4.54	0.475	1.074	0.	0.	0.	0.	0.86	+
HC/	0.03	0.007	0.016	2.15	0.20	0.45	0.00	0.78	+
Alter	0.10	0.011	0.025	0.	0.	0.	0.	0.78	+
BKG/	2.04	0.220	0.498	−10.78	5.99	13.55	0.11	0.96	+
Alter	1.68	0.100	0.226	0.	0.	0.	0.	0.96	+
RL/	1.13	0.175	0.396	54.57	4.80	10.86	0.00	0.92	+
Alter	2.95	0.278	0.629	0.	0.	0.	0.	0.92	+
Hausschwein männlich									
PV/	0.93	0.122	0.288	8.63	14.23	33.65	0.57	0.96	+
FV	1.01	0.012	0.028	0.	0.	0.	0.	0.96	+
P/	0.79	0.046	0.109	1.75	5.35	12.65	0.76	0.99	+
FV	0.81	0.004	0.009	0.	0.	0.	0.	0.99	+
PR/	0.41	0.042	0.099	−0.90	4.92	11.63	0.86	0.98	+
FV	0.40	0.004	0.099	0.	0.	0.	0.	0.98	+
PL/	0.38	0.036	0.085	2.61	4.26	10.07	0.57	0.98	+
FV	0.40	0.003	0.007	0.	0.	0.	0.	0.98	+
NA/	0.11	0.093	0.220	31.92	10.97	25.94	0.03	0.45*	+
FV	0.38	0.014	0.033	0.	0.	0.	0.	0.45*	+
NAH/	0.11	0.100	0.236	33.71	11.74	27.76	0.04	0.43*	+
FV	0.39	0.015	0.035	0.	0.	0.	0.	0.43*	+
RP/	0.67	0.069	0.163	−33.31	8.08	19.11	0.01	0.97	+
HC/	0.01	0.009	0.021	1.79	1.02	2.41	0.14	0.08*	+
FV	0.02	0.001	0.002	0.	0.	0.	0.	0.08*	+
NA/	0.16	0.111	0.262	29.21	10.42	24.64	0.04	0.54*	+
P	0.47	0.016	0.037	0.	0.	0.	0.	0.54*	+
NAH/	0.16	0.188	0.445	30.82	11.19	26.46	0.04	0.52*	+
P	0.49	0.017	0.040	0.	0.	0.	0.	0.52*	+
RP/	0.82	0.122	0.288	32.03	11.52	27.24	0.04	0.95	+
P	0.48	0.018	0.043	0.	0.	0.	0.	0.95	+
HC/	0.01	0.012	0.028	1.61	1.02	2.41	0.18	0.16*	+

Tabelle 3. (Fortsetzung)

	A	S(A)	VGR	B	S(B)	VGR	IW	R	NT
P	0.02	0.001	0.002	0.	0.	0.	0.	0.16*	+
HCR/	0.02	0.010	0.024	0.29	0.48	1.13	0.57	0.55*	+
P	0.02	0.001	0.002	0.	0.	0.	0.	0.55*	+
HCL/	0.01	0.013	0.031	1.26	0.64	1.51	0.10	0.19*	+
P	0.02	0.002	0.005	0.	0.	0.	0.	0.19*	+
HC/	0.06	0.027	0.064	−0.55	1.20	2.84	0.66	0.69*	+
NA	0.05	0.001	0.002	0.	0.	0.	0.	0.69*	+
FV/	0.69	0.223	0.527	102.12	5.46	12.91	0.00	0.81	+
Alter	4.14	0.961	2.273	0.	0.	0.	0.	0.81	+
NA/	0.02	0.089	0.219	43.69	2.18	5.15	0.00	0.11*	+
Alter	1.50	0.411	0.972	0.	0.	0.	0.	0.11*	(+)
P/	0.55	0.181	0.428	82.62	4.45	10.52	0.00	0.80	+
Alter	3.34	0.778	1.840	0.	0.	0.	0.	0.80	+
HC/	0.01	0.007	0.016	2.09	0.17	0.40	0.00	0.32*	+
Alter	0.06	0.019	0.045	0.	0.	0.	0.	0.32*	+
BKG/	5.73	0.741	1.752	69.60	18.17	42.97	0.01	0.96	+
Alter	8.08	0.753	1.781	0.	0.	0.	0.	0.96	+
RL/	3.16	0.403	0.953	88.62	9.87	23.34	0.00	0.96	+
Alter	6.15	0.854	2.020	0.	0.	0.	0.	0.96	+

Wildschwein weiblich

	A	S(A)	VGR	B	S(B)	VGR	IW	R	NT
PV/	0.96	0.040	0.092	1.35	5.43	12.52	0.81	0.99	+
FV	0.97	0.004	0.009	0.	0.	0.	0.	0.99	+
P/	0.80	0.030	0.069	2.59	4.11	9.48	0.54	0.99	+
FV	0.82	0.003	0.007	0.	0.	0.	0.	0.99	+
PR/	0.39	0.020	0.046	1.46	3.10	7.15	0.65	0.99	+
FV	0.41	0.002	0.005	0.	0.	0.	0.	0.99	+
PL/	0.41	0.030	0.069	1.14	4.12	9.50	0.79	0.98	+
FV	0.41	0.003	0.007	0.	0.	0.	0.	0.98	+
NA/	0.42	0.097	0.224	−2.60	13.18	30.34	0.85	0.85	+
FV	0.40	0.009	0.021	0.	0.	0.	0.	0.85	+
NAH/	0.44	0.097	0.224	−2.63	13.15	30.32	0.85	0.86	+
FV	0.42	0.009	0.021	0.	0.	0.	0.	0.86	+
RP/	0.34	0.074	0.171	5.49	10.01	23.08	0.60	0.87	+
FV	0.38	0.007	0.016	0.	0.	0.	0.	0.87	+
HC/	0.02	0.004	0.009	−0.03	0.55	1.27	0.96	0.87	+
FV	0.02	0.001	0.002	0.	0.	0.	0.	0.87	+
NA/	0.54	0.103	0.238	−6.52	11.48	26.47	0.59	0.89	+
P	0.49	0.010	0.023	0.	0.	0.	0.	0.89	+
NAH/	0.57	0.102	0.235	−6.55	11.38	26.24	0.58	0.90	+
P	0.51	0.010	0.023	0.	0.	0.	0.	0.90	+
RP/	0.39	0.104	0.240	6.90	11.56	26.66	0.57	0.82	+
P	0.46	0.010	0.023	0.	0.	0.	0.	0.82	+
HC/	0.02	0.005	0.012	−0.04	0.59	1.36	0.95	0.86	+
P	0.02	0.001	0.002	0.	0.	0.	0.	0.86	+
HCR/	0.02	0.001	0.002	0.09	0.25	0.58	0.73	0.87	+
P	0.02	0.001	0.002	0.	0.	0.	0.	0.87	+
HCL/	0.01	0.004	0.009	0.43	0.25	0.58	0.14	0.81	+
P	0.02	0.001	0.002	0.	0.	0.	0.	0.81	—
HC/	0.03	0.010	0.023	0.98	0.64	1.46	0.17	0.71	(+)
NA	0.05	0.002	0.005	0.	0.	0.	0.	0.71	+
FV/	1.23	0.465	1.072	111.32	9.43	21.76	0.00	0.71	+
Alter	6.24	0.810	1.868	0.	0.	0.	0.	0.71	+
NA/	0.38	0.293	0.676	47.03	5.93	13.67	0.00	0.44*	+
Alter	2.49	0.350	0.807	0.	0.	0.	0.	0.44*	+
P/	0.92	0.401	0.925	93.43	8.14	18.77	0.00	0.67*	+
Alter	5.13	0.677	1.561	0.	0.	0.	0.	0.67*	+

Tabelle 3. (Fortsetzung)

	A	S(A)	VGR	B	S(B)	VGR	IW	R	NT
HC	0.02	0.012	0.028	2.22	0.25	0.58	0.00	0.51*	+
Alter	0.12	0.016	0.037	0.	0.	0.	0.	0.51*	+
BKG/	0.78	0.265	0.611	13.03	5.37	12.38	0.04	0.75	+
Alter	1.37	0.136	0.314	0.	0.	0.	0.	0.75	+
RL/	0.76	0.251	0.579	65.20	5.09	11.74	0.00	0.75	+
Alter	3.69	0.470	1.084	0.	0.	0.	0.	0.75	+
				Hausschwein weiblich					
PV/	1.02	0.105	0.237	− 4.46	11.93	26.98	0.72	0.96	+
FV	0.98	0.008	0.018	0.	0.	0.	0.	0.96	+
P/	0.75	0.063	0.142	4.35	7.20	16.29	0.51	0.98	+
FV	0.80	0.005	0.011	0.	0.	0.	0.	0.98	+
PR/	0.41	0.038	0.086	− 0.84	4.30	9.73	0.85	0.97	+
FV	0.40	0.003	0.006	0.	0.	0.	0.	0.97	+
PL/	0.35	0.034	0.077	5.80	3.85	8.71	0.18	0.97	+
FV	0.40	0.003	0.007	0.	0.	0.	0.	0.97	+
NA/	0.12	0.193	0.436	27.64	22.01	49.79	0.25	0.23	+
FV	0.36	0.016	0.036	0.	0.	0.	0.	0.23*	+
NAH/	0.13	0.197	0.446	27.95	22.45	50.78	0.25	0.25*	+
FV	0.38	0.016	0.036	0.	0.	0.	0.	0.25*	+
RP/	0.61	0.148	0.335	−24.69	16.88	38.18	0.19	0.84	+
FV	0.39	0.012	0.027	0.	0.	0.	0.	0.84	+
HC/	0.01	0.007	0.016	0.30	0.87	1.97	0.73	0.58*	+
FV	0.02	0.001	0.002	0.	0.	0.	0.	0.58*	+
NA/	0.28	0.234	0.529	16.08	21.21	47.98	0.48	0.41*	+
P	0.45	0.017	0.038	0.	0.	0.	0.	0.41*	+
NAH/	0.29	0.238	0.538	16.16	21.64	48.95	0.48	0.43*	+
P	0.47	0.018	0.041	0.	0.	0.	0.	0.43*	+
RP/	0.69	0.242	0.547	17.58	22.04	49.85	0.45	0.73	+
P	0.49	0.018	0.041	0.	0.	0.	0.	0.73	+
HC/	0.02	0.009	0.020	0.08	0.81	1.83	0.93	0.65*	+
P	0.02	0.001	0.002	0.	0.	0.	0.	0.65*	+
HCR/	0.02	0.007	0.016	0.06	0.31	0.70	0.86	0.77	+
P	0.02	0.001	0.002	0.	0.	0.	0.	0.77	+
HCL/	0.02	0.014	0.032	0.11	0.63	0.42	0.87	0.45*	+
P	0.02	0.001	0.002	0.	0.	0.	0.	0.45*	+
HC/	0.02	0.014	0.032	0.91	0.61	1.38	0.18	0.53*	+
NA	0.05	0.001	0.002	0.	0.	0.	0.	0.53*	(+)
FV/	0.50	0.189	0.427	103.35	4.59	10.38	0.00	0.70	+
Alter	4.11	0.804	1.819	0.	0.	0.	0.	0.70	+
NA/	0.01	0.136	0.308	42.74	3.32	7.51	0.00	0.21*	+
Alter	1.42	0.337	0.762	0.	0.	0.	0.	0.21*	+
P/	0.35	0.157	0.355	83.44	3.81	8.62	0.00	0.65	+
Alter	3.27	0.650	1.470	0.	0.	0.	0.	0.65	+
HC/	0.01	0.006	0.013	1.91	0.16	0.36	0.00	0.01*	+
Alter	0.07	0.015	0.034	0.	0.	0.	0.	0.01*	+
BKG/	3.53	1.111	2.513	121.29	26.95	60.96	0.00	0.77	+
Alter	7.77	1.088	2.461	0.	0.	0.	0.	0.77	+
RL/	1.01	0.265	0.599	110.39	6.43	14.54	0.00	0.82	+
Alter	4.87	1.864	1.964	0.	0.	0.	0.	0.82	+

Literatur

BAHRAMIE, T.: Untersuchungen über die Schädelkapazität verschiedener Equiden. Naturw. Diss. Halle a. d. S. 1926.

BÄHRENS, D.: Über den Formenwandel des Mustelidenschädels. Morph. Jb. **101**, 279—369 (1960).

CAVALLI SFORZA, L.: Biometrie. Grundzüge biologisch-medizinischer Statistik. Stuttgart: Fischer 1969.

CHOINOWSKY, H.: Vergleichende Messungen an Gehirnen von Wild- und Hauskaninchen. Zool. Anz. **161**, 259 bis 271 (1958).

CLASS, J.: Der Einfluß vermehrter körperlicher Tätigkeit auf die Organgewichte von Albinomäusen. Zschr. Anat. **122**, 251—265 (1961).

DARWIN, CH. R.: Das Variieren der Tiere und Pflanzen im Zustand der Domestikation. Stuttgart: Schweizerbart 1868.

ELLENBERGER, W., u. H. BAUM: Hdb. d. vergl. Anat. d. Haustiere. 348—390, Berlin: Springer 1943.

ENGELBERG, B.: Altersbestimmung beim Schwein. Veterinärmed. Inaug.-Diss., Leipzig 1917.

GEIGY, J. R. (Hrsg.): Documenta Geigy; Wissenschaftliche Tabellen, 6. Aufl. Basel: Geigy 1960.

HERRE, W.: Hirn von Wild- und Hausschwein. Zool. Anz. (Verh. dtsch. zool. Ges.) **9**, 200—211 (1936).

HERRE, W.: Neue Ergebnisse zoologischer Domestikationsforschung-Verh. dtsch. Zool. Mainz, 40—54 (1949).

HERRE, W.: Domestikation und Stammesgeschichte. In: Heberer: Die Evolution der Organismen. 801—846, Stuttgart: Fischer 1954.

HERRE, W.: Einflüsse der Umwelt auf das Säugetiergehirn. Dtsch. med. Wschr. **83**, 1568—1574 (1958).

JAESCHKE, L.: Vergleichende Untersuchungen an Hirnen von Haus- und Wildenten. Naturw. Inaug.-Diss. Kiel 1954.

KLATT, B.: Über die Veränderung der Schädelkapazität in der Domestikation. S. ber. Ges. naturf. Fr. Berlin, 153—179 (1912).

KLATT, B.: Studien zum Domestikationsproblem. Untersuchungen am Hirn. Bibliotheca genetica Bd. II, 1—180 (1921a).

KLATT, B.: Mendelismus, Domestikation und Kraniologie. Arch. Anthrop. **18**, (N. F.), 176—193 (1921b).

KLATT, B., u. VORSTEHER, H.: Studien zum Domestikationsproblem II. Bibliotheca genetica **6**, 1—166 (1923).

KLATT, B.: Noch einmal: Hirngröße und Körpergröße. Zool. Anz. **155**, 215—232 (1955).

KRETSCHMANN, H. J.: Über die Cerebralisation eines Nestflüchters (Acomys cahirinus dimidiatus (Cretzschmar 1862) im Vergleich mit Nesthockern (Albinomaus, Apodemus sylvaticus (Linnaeus 1758) und Albinoratte. I. Teil: Morphologie und Allometrie. Morph. Jb., Leipzig **109**, 376—410 (1966).

KRETSCHMANN, H. J., u. VOSSIUS, G.: Über die Nativmakrotomie, eine schnelle und genaue Methode zur Volumenbestimmung von Gehirnen und Rückenmarkszentren. J. Hirnforsch. **10**, 373—378 (1968a).

KRETSCHMANN, H. J., u. WINGERT, F.: Über die Größe und das Wachstum des Volumens von Hirnzentren. Verh. Anat. Ges. Homburg Saar, im Druck (1969).

KRUSKA, D.: Vergleichend cytoarchitektonische Untersuchungen an Gehirnen von Wild- und Hausschweinen. Z. Anat. Entwickl.-Gesch. **131**, 291—324 (1970).

LAPICQUE, H., u. GIRARD: Sur le poids de léncephale chez les animaux domestiques. In: Comptes de la Société de Biologie, Paris, t. **62**, 1015—1018 (1907).

LINDER, A.: Statistische Methoden. Basel: Birkhäuser 1964.

LUNAU, H.: Vergleichend metrische Untersuchungen am Allocortex von Wild- und Hausschweinen. Z. mikrosk.-anat. Forsch., Leipzig **62**, 673—698 (1956).

LUNDHOLM, B.: Abstammung und Domestikation des Hauspferdes. Zoölgiska Bidrag fran Uppsala **27**, 1—28 (1947).

MÜLLER, E.: Vergleichende Untersuchungen an Haus- und Wildkaninchen. Zool. Jb. Abt. f. allg. Zool. u. Phys. **36**, 503—588 (1919).

NEHRING, F.: Altersbestimmung beim Schwein. Dtsch. landw. Presse **24**, 193—214 (1888).

NOBIS, G.: Beiträge zur Abstammung und Domestikation des Hauspferdes. Zschr. f. Tierz. u. Züchtungsbiol. **64**, 202—246 (1955).

RAWIEL, F.: Hirn vom Schwein. Zschr. Anat. **110**, 344 bis 370 (1939).

RÖHRS, M.: Vergleichende Untersuchungen an Wild- und Hauskatzen. Zool. Anz. **155**, 53—69 (1955).

STARCK, D.: Die Neencephalisation. (Die Evolution zum Menschenhirn). In: Menschliche Abstammungslehre. (Hrsg.) Heberer, G. Stuttgart: Fischer 1965.

STEPHAN, H.: Vergleichende Untersuchungen über den Feinbau des Hirnes von Wild- und Haustieren. I: Studium am Schwein und Schaf. Zool. Jb., Abt. Anat. **71**, 487—586 (1951).

STEPHAN, H.: Vergleichend anat. Untersuchungen an Hirnen von Wild- und Haustieren. II: Die Oberflächen des Allocortex bei Wild- und Hausform von Epimys norwegicus Erxl. Morph. Jb. Leipzig **93**, 425—471 (1954).

TIMANN, O.: Vergleichende Untersuchungen an Haus- und Wildenten. Zool. Jb. Abt. f. allg. Zool. d. Phys. **36**, 621—656 (1919).

VAN DER WAERDEN, H.: Math. Statistik. Berlin: Springer 1965.

VERMEULEN, H. A.: Der Einfluß der Domestikation auf den Bau des Gehirnes. Berl. tierärztl. Wochenschr. **41**, 371—374 (1925).

VIRCHOW, H.: Schweinegebiß. S. ber. Ges. naturforsch. Freunde Berlin: 1937.

Anschrift des Autors:

W. KOHLGRÜBER
Anatomisches Institut der Universität Frankfurt/M.
D-6 Frankfurt/M., Ludwig-Rehnstr. 14

Max-Planck-Institut für Zellbiologie, Institut Tübingen
(Direktor: Prof. Dr. H. BAUER)

On the homologous development of the dorsal thalamic nuclear anlagen in turtle and fowl

By

RAINER BÖSEL

1. Introduction

The comparative description of the vertebrate brains according ARIENS KAPPERS, HUBER and CROSBY (1936) cannot sufficiently answer the question about the homologies between the nucleus rotundus in birds and the nucleus of the same name in reptiles (cf. KRUGER, 1969). Both nuclei are well known with regard to their adult conformation and their fibre connections. The most extensive investigations are those of HUBER and CROSBY (1926) and PAPEZ (1935) in reptiles and of RENDAHL (1924) and HUBER and CROSBY (1929) in birds.

The present investigation starts with the description of the early differentiations of the cerebral matrix layer. It is an established method to name areas of the matrix cell masses in relation to the ventricular wall pattern. This pattern arises from locally different growth of matrix cell masses within the cerebral wall. Ventricular wall areas separated by easily recognizable furrows have been given special names and these determine the names of the areas of cell masses in the cerebral wall. By the aid of material from one group of birds and one of reptiles the hitherto used terminologies will be discussed. Furthermore it will be shown that such a method·of determinations of nuclei represents a homologous development of the dorsal thalamic nuclear anlagen in turtle and fowl.

2. Material and methods

Serial paraffin sections of embryonic and adult turtles (Emys orbicularis L. and Eretmochelys imbricata L.) have been described in an earlier paper (BÖSEL, 1970). Additionally a parasagittal series is used of an Eretmochelys embryo stained according to PALMGREN (cf. ADAM and CZIHAK, 1964). This embryo had a total length (TL; from the top of mesencephalon to the tip of tail) of 26 mm.

For the investigation of the chick development (Gallus domesticus L.) embryos stained chiefly according to CAJAL and DE CASTRO (cf. LEVI-MONTALCINI, 1949) in stage HH 30 (determination according to HAMBURGER and HAMILTON, 1951) are used.

Only graphic reconstructions have been used. The method of descriptive geometry allows an exact transformation of coordinated structural landmarks from sections in any direction those in an optimal plane. Such a reconstruction can be reproduced with a variance of $\pm$ 30 scale-µm (it implies a deviation of one per cent. in the whole ventricular relief). The graphic reconstruction method proved to be better than wax plate reconstructions because the furrows in the cerebral wall are represented when they are parallel to the cutting direction as well as when they are perpendicular to this direction.

3. Results

3.1. *The embryonic turtle*

As shown (BÖSEL, 1970) the embryonic ventricular wall in the diencephalon of Emys consists of seven protuberances and a system of furrows between them. The terminology is as follows:

Epithalamus

Sulcus diencephalicus dorsalis
(continuation of the sulcus lateralis mesencephali)

Pars anterior thalami dorsalis

Pars posterior thalami dorsalis

Sulcus diencephalicus medius

Pars anterior thalami ventralis

Pseudosulcus

Pars posterior thalami ventralis

Sulcus diencephalicus ventralis
(continuation of the sulcus limitans)

Pars anterior hypothalami

Pars posterior hypothalami

These names are applied also to the cell masses in the cerebral wall behind the ventricular surface. The embryo of Eretmochelys with 26 mm TL shows a division of the cell mass behind the protuberance called pars anterior thalami dorsalis into two portions. One of them lies rostro-lateral, the other caudo-medial (Fig. 1).

3.2. *The embryonic fowl*

3.2.1. The ventricular relief in the diencephalon

In this investigation serial sections of chick embryos in stage HH 30 are preferred, because in these stages the ventricular surface characterizing the early stages is recognizable as well as the beginning of the translocations and the future differentiation of the nuclear anlagen.

As shown in Fig. 2, the surface of the third ventricle in stage HH 30 is characterized by a wide furrow (in the figure labeled with A—B). It is called "pr_{4-5}" in accordance with VAAGE (1969). The sulcus diencephalicus dorsalis extends from the mesencephalon in a dorso-rostral direction. The sulcus diencephalicus ventralis discharges into the pr_{4-5}. The designation of the sulci diencephali dorsalis and ventralis (cf. the later cited papers of KUHLENBECK) is right, because the area between these two sulci give rise to the thalamic nuclei according to RENDAHL (1924). An additional furrow is identified in the established nomenclature according to RENDAHL'S description: It is the sulcus limitans at the level $x = 2{,}0$ in Fig. 2. Hence it follows that the dorso-rostral bow of pr_{4-5} is named sulcus diencephalicus medius (medius anterior according to KUHLENBECK, 1937), and its connection with the sulcus limitans bears the name pseudosulcus in correspondance with the development in reptiles (cf. KUHLENBECK, 1931).

The mentioned furrows allow a clear division of the diencephalic wall regions into areas of epithalamus, thalamus, and hypothalamus. The 100 μm contour lines show a prominent development of the pars posterior thalami dorsalis in the thalamic area.

3.2.2. Nuclear anlagen in the thalamus dorsalis

Fig. 3 shows a reconstruction of the main nuclear anlagen in stage HH 30. The most easily definable primordium lies inside the pars posterior thalami dorsalis. It is the nuclear anlage A_2 according to RENDAHL (1924). At level $y = 1{,}1$ there is a transitional area to the epithalamus and an anlage of a subsidiary nucleus in the zone $y < 0{,}9$.

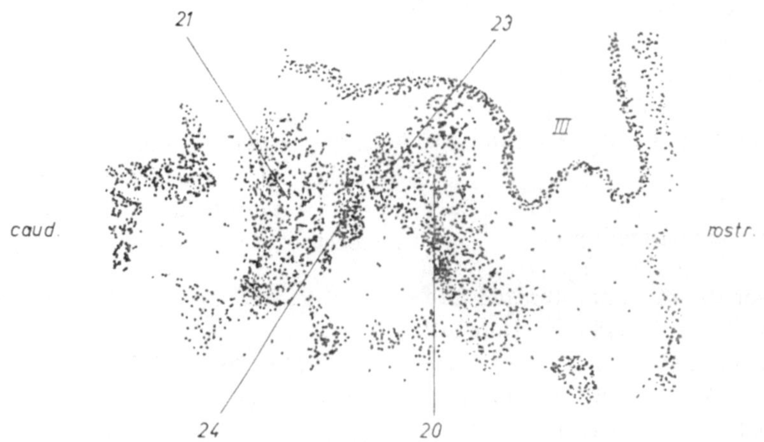

Fig. 1. Diencephalon of Eretmochelys imbricata. Embryo with 26 mm TL. Parasagittal, PALMGREN. 80 : 1. For numbers see chapter 3.3. III, third ventricle.

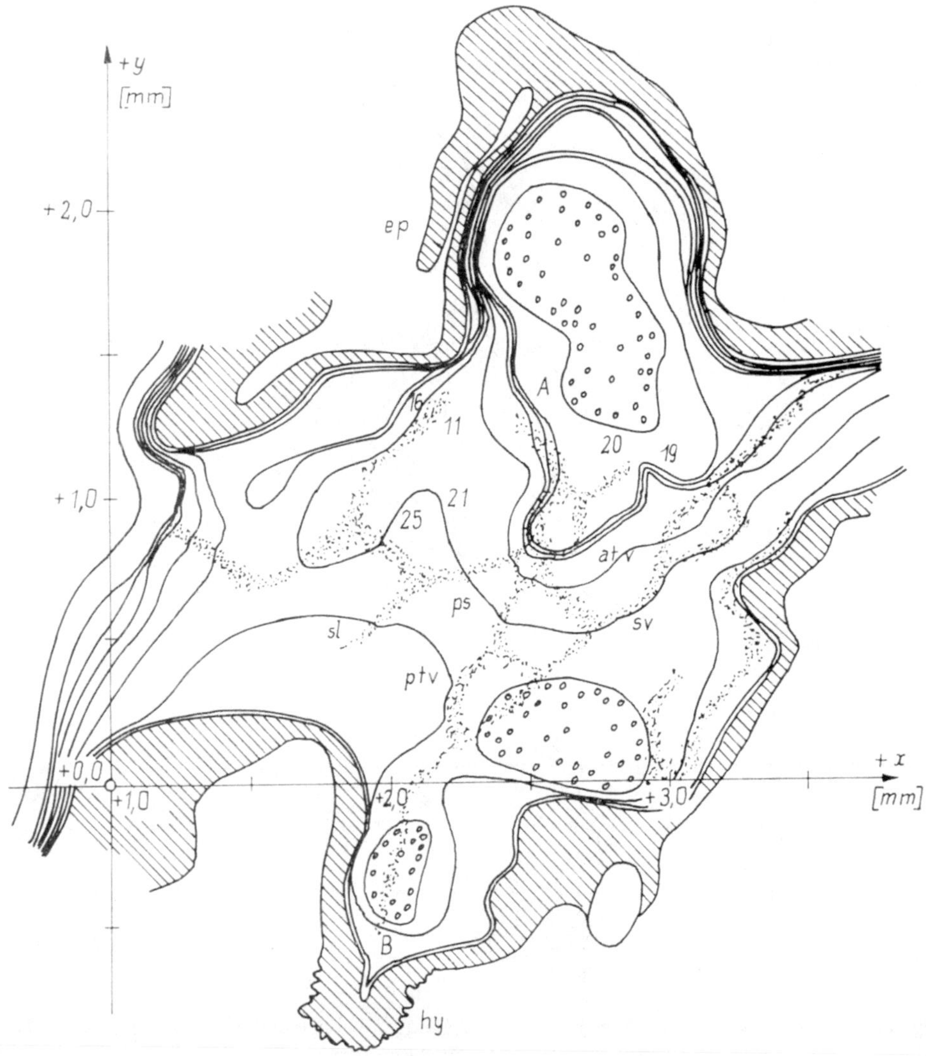

Fig. 2. Diencephalon of Gallus domesticus. Embryo in stage HH 30. Reconstruction of the ventricular surface. 40 : 1. For numbers see section 3.3. ep, epiphysis; hy, hypophysis; A—B, pr_{4-5}; sl, sulcus limitans; sv, sulcus diencephalicus ventralis; ps, pseudosulcus; atv, pars anterior thalami ventralis; ptv, pars posterior thalami ventralis.

In the ventral part of the primordium of the epithalamus there is a remarkable arrangement around the sulcus diencephalicus dorsalis. A median and a superficial layer accompanies the anlage A_2. Both continue in rostral direction and represent the main primordia in pars anterior thalami dorsalis in this stage. Beside and caudo-lateral to the nuclear anlage A_2 there are two primordia lying in the pars posterior thalami dorsalis. The more caudal of them as projected, appears to overlap the sulcus diencephalicus dorsalis in Fig. 3. In the more ventral part and separated from anlage A_2 by a furrow (Furche ✕ according to RENDAHL, 1924) lies another important primordium.

3.3. *List of the synonyms*

On the basis of the previously described structures presented on the ventricular surface of the embryonic turtle and the fowl it is possible to distinguish clearly various diencephalic regions. From each region arises a group of nuclei which are described independently in the literature. By allocating each exactly localized primordium to its stem region we can get a genealogical list. The following table gives such a synopsis of the development of the dorsal thalamic nuclei. Numbers are placed at given positions as substitutes for synonymous names based on descriptions in the

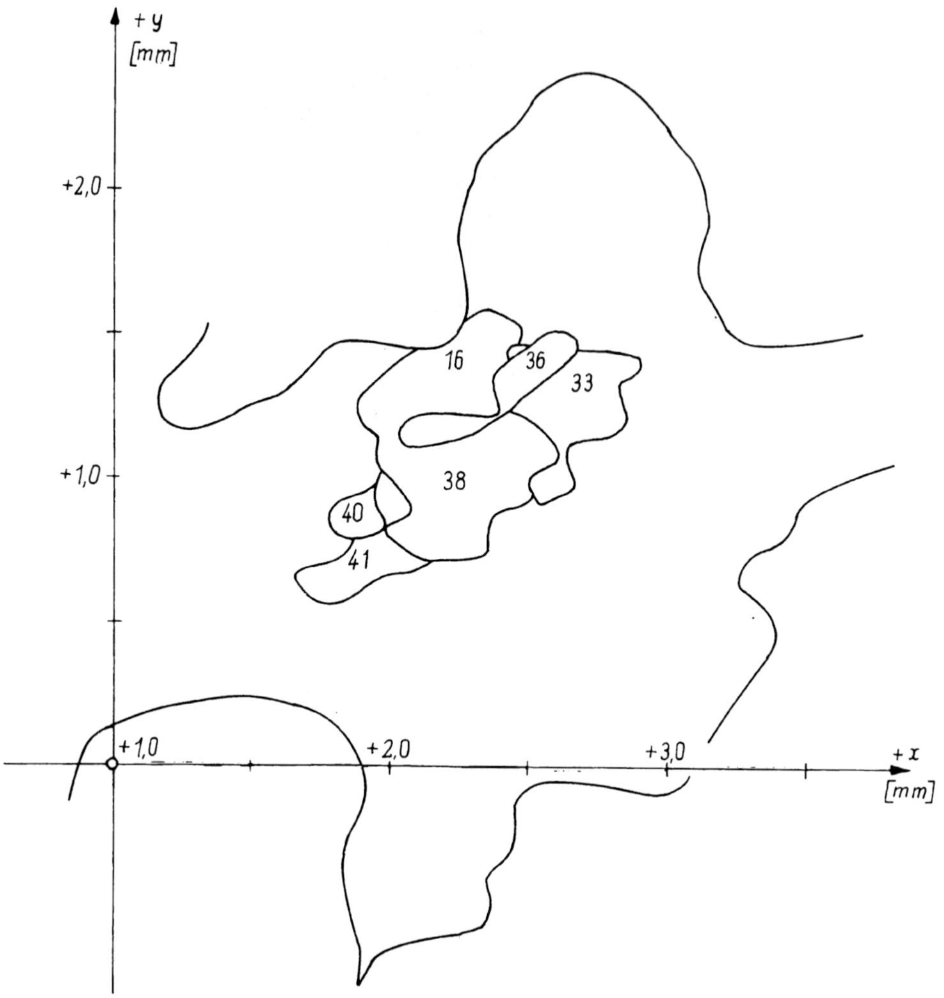

Fig. 3. Diencephalon of Gallus domesticus. Embryo in stage HH 30. Reconstruction of the outlines of the main dorsal thalamic nuclear anlagen. 80 : 1. For numbers see chapter 3.3.

literature. In the next section the doubtful cases are clarified using our own material. The marginal number column at the right notes approximately the stages in chick development in which the corresponding differentiation appears as represented in the same line. The left column gives the corresponding numbers for mm head length (HL) in Emys-embryos. The embryo of Eretmochelys with 26 mm TL just described corresponds in its proportions to an embryo of Emys with 5,5 mm HL.

1 Proneuromere 1 (K 53, 54)
Pr A (V 69)

2 Proneuromere 2 (K 53, 54)
Pr B (V 69)

3 Neuromere III (BK 54)
Pr B_1 (V 69)

4 Neuromere IV (BK 54)
Pr B_2 (V 69)

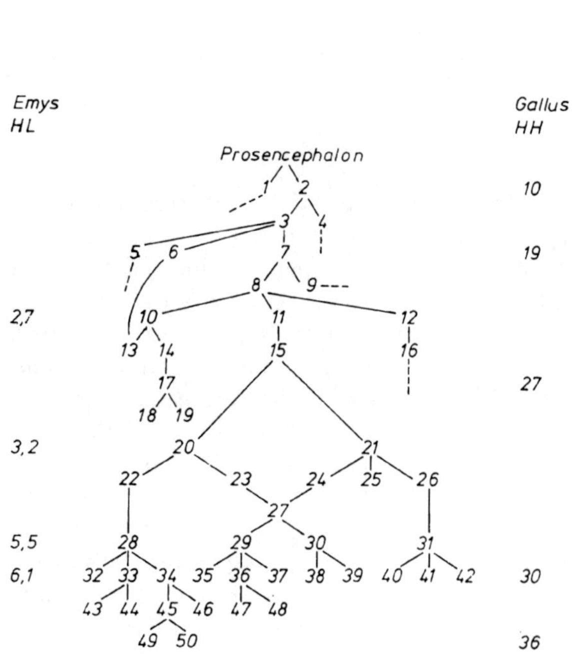

5 Transversalband 3 (BK 54)
pr_5 (V 69)
6 „pr_{4-5}"/pr_6 — ridge (V 69)
7 Parencephalon posterius (R 24)
Transversalband 4 (BK 54)
pr_6 (V 69)
8 Area caudalis thalami (BK 54)
9 Caudaler Teil der area tuberculi post. (BK 54)
10 IIIb (BK 53)
11 Sulcus superior vel S. habenularis internus (R 24)
Sulcus subhabenularis (B 53)
Sulcus diencephalicus dorsalis (K 37, V 69, B 70)
12 IIIa (BK 53)
13 Area caudalis thalami pars ventralis (B 53)
Pars posterior thalami ventralis (B 70)
14 Sulcus parencephalicus (K 37)
15 Thalamus dorsalis (K 37)
Area caudalis thalami pars dorsalis (B 53)
pr_6, central portion (V 69)
16 Epithalamus (R 24, K 37, B 70)
Primordial ganglion habenulae (B 53)
pr_6, prospective epithalamus (V 69)
17 Zona limitans intrathalamica (K 37)
18 Fossa parencephalica (K 37)
19 Sulcus diencephalicus medius anterior (K 37)
20 Pars anterior thalami dorsalis (B 70)
21 Pars posterior thalami dorsalis (B 70)
22 Area lateralis partis anterioris thalami dorsalis (N)
23 Area medialis partis anterioris thalami dorsalis (N)
24 Area lateralis partis posterioris thalami dorsalis (N)
25 Furche ⚹ (R 24)
26 Area caudalis partis posterioris thalami dorsalis (N)
27 Nucleus rotundus complex (B 53)
28 Hauptteil der dorsalen oberflächlichen Schicht (R 24)
Nucleus lateralis thalami (B 53)
29 Laterale innere Schicht (R 24)
Common matrix of nucleus dorsolateralis and nucleus dorsomedialis (K 37)
30 Primordium nuclei rotundi (K 37)
31 Nucleus ovoidalis complex (B 35)
32 Nucleus lateralis anterior (HC 29, K 37)
33 Corpus geniculatum laterale pars dorsalis (K 37)
34 Nucleus superficialis parvocellularis (R 24)
35 Nucleus subhabenularis (K 37)
36 Nucleus dorsomedialis (K 37)
37 A_1 (R 24)
Nucleus dorsolateralis (HC 29, K 37)
38 Nucleus rotundus (S 69, EW 99, E 08, G 24)
Zentraler Kern (B 83)
A_2 (R 24)
39 A_3 (R 24)
Nucleus tractus habenulo-peduncularis (HC 29, C 31)
Nucleus triangularis (K 37)
40 B (R 24)
Nucleus ovoideus (HC 26)
Nucleus ovoidalis (HC 29, K 37)
41 Nucleus subrotundus (R 24, HC 29, C 31, K 37)
Nucleus ventralis thalami Stück b + c (L 13)
42 Nucleus posteroventralis (HC 29, K 37)
43 Nucleus superficialis thalamicus (R 24)
Corpus geniculatum laterale dorsale (K 37)
44 Großzelliger Kern des Geniculatum (EW 99)
Nucleus superficialis magnocellularis (R 24)
Nucleus principalis precommissuralis (HC 29)
Corpus geniculatum laterale dorsale, pars intercalaris (K 37)
45 Nucleus dorsolateralis superior (K 37)
46 Nucleus superficialis parvocellularis (HC 29)
Nucleus principalis precommissuralis (K 37)
47 Nucleus dorsalis anterior (EW 99)
Nucleus dorsomedialis anterior (HC 29)
48 Nucleus dorsomedialis posterior (HC 29)
49 Nucleus superficialis epithalami (HC 29)
50 Kern der Decussatio inferior (MW 98)
Nucleus lateralis (EW 99, HC 29)
Nucleus lateralis thalami (L 13)

Abbreviations:

B 53	Bergquist, 1953
B 70	Bösel, 1970
B 83	Bellonci, 1883
BK 53	Bergquist and Källén, 1953
BK 54	Bergquist and Källén, 1954
C 31	Craigie, 1931
E 08	Edinger, 1908
EW 99	Edinger and Wallenberg, 1899
G 24	Groebbels, 1924
HC 26	Huber and Crosby, 1926
HC 29	Huber and Crosby, 1929
K 37	Kuhlenbeck, 1937
K 53	Källén, 1953
K 54	Källén, 1954
L 13	de Lange, 1913
MW 98	Münzer and Wiener, 1898
N	new terminology
R 24	Rendahl, 1924
S 69	Stieda, 1869
V 69	Vaage, 1969

4. Discussion

The starting point for any comparison of undifferentiated cerebral wall regions in different vertebrate groups is the neuromere segmentation of the cerebral tubes. Thereby, a number of fissures appears on the tube surface, and inside the tube a number of corresponding ridges divides the ventricular surface. During growth the cerebral wall increases in thickness. Local cell multiplications cause outward protrusions of the wall surface, and a system of furrows appears between the protuberances. The former bulges which had been bordered by ridges now diminish in extent and become furrows, too. Structures delimiting cerebral wall formations are ridges and bulges during the early differentiation, then furrows and protuberances, and finally the nuclei themselves and their fibre connections. The time at which a change in orientation of these structures occurs can be determined by observing the allometric relation between the total brain growth and the increase of cerebral wall thickness. The growth rate of wall thickness reaches that of total diencephalic growth at the level of stage HH 30 in chick embryos (cf. Fig. 4, slope of curve equal 1). This stage is equivalent to a stage with ca. 6 mm HL in Emys, and, until this stage, homologies based on the neuromere segmentation are possible (cf. the previous synopsis till number 31).

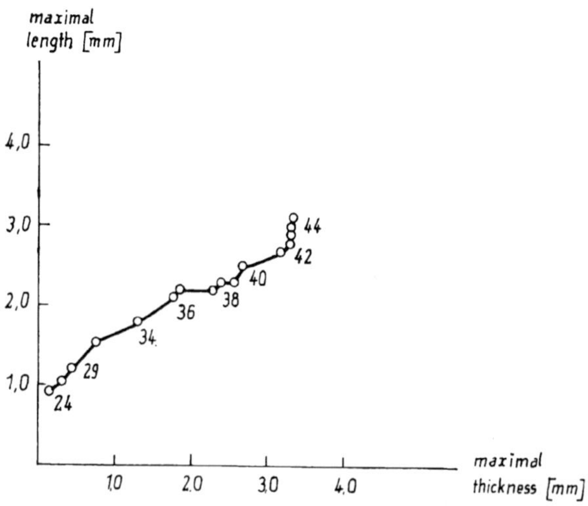

Fig. 4. Allometric relation between total brain growth and growth of the cerebral wall thickness in the diencephalon of chick embryos. The numbers label the stages. Modified after KUHLENBECK (1937).

In subsequent stages, orientation in this way is no longer possible, because the relation between rate of growth and flexure of cerebral wall is too unfavorable for the delimination of stem regions. The orientation is based on coordination points in the system of furrows and protuberances on the ventricular surface. Certainly, displacements must be considered. Therefore it is necessary to discuss in detail the positions of the nuclei numbered 37 to 40.

According to RENDAHL (1924) the nuclei A_1, A_2, A_3, and B in chick embryos stem from regions lying dorsal to sulcus limitans inside the cerebral wall. At the level of the stages HH 34 to 36 the small nucleus A_1 is situated more lateral, and nucleus B which is also small medial and, with regard to "Furche ✳", clearly ventral. The large Kern A_2 lies between these nuclei, and from its ventral part is derived the nucleus A_3. According to KUHLENBECK (1937) the internal part of the diencephalic cell masses in early chick embryos (area cellularis interna) gives rise, in its rostral part, to the common primordium of nucleus dorsolateralis and nucleus dorsomedialis, in its caudo-lateral part the common primordium of the nucleus rotundus and the nucleus triangularis, and in its caudo-medial part the primordium of the nucleus ovoidalis.

The present investigation has shown that a nucleus must be situated in the area caudalis partis posterioris thalami dorsalis, which lies caudo-medial in stage HH 30 of chick embryos. The same can be said for nucleus B as well as for nucleus ovoidalis. Therefore both terms are synonyms for number 40. Furthermore, a common derivation from an internal cell layer in the lateral part of pars posterior thalami dorsalis is given for the nuclei A_2, A_3 on the one hand, and for the nuclei rotundus and triangularis on the other hand. Therefore they have a common derivation from the primordium 30. The ventrolateral portions correspond to a nucleus 39, whereas the large nucleus in its neighborhood can be strictly identified as nucleus rotundus of the authors.

KUHLENBECK (1937) describes a rostro-caudal condensation of the thalamic nuclei in later chick embryos. Hence it happens that the portion of area medialis anterioris which lies caudo-medial in the Eretmochelys embryo of 26 mm TL is displaced in chick embryos in lateral direction. A small region is overlapped by the rostral portion of pars posterior. From this region the nucleus dorsolateralis anterior (HUBER and CROSBY, 1926) is derived in close contact to nucleus rotundus. The question of the orientation of the nuclei in the above homologies is concerned in case of nucleus dorsolateralis with the nucleus labeled 37.

5. Summary

The questions about the homologies existing between the dorsal thalamic nuclei have been answered by the aid of new reconstructions and by comparison with earlier description. An investigation starting from furrow patterns in the early ventricular surface shows a parallel development of the nuclear anlagen lying behind the surface pattern in the diencephalic wall of the turtle and the fowl. Studing the differentiation of the primordial nuclei in this way and taking into consideration the descriptions in the literature, it became clear which of the hitherto used terms are partly synonyms. The designation of still questionably comparable nuclear anlagen is made clear from study of material of embryonic chick brains and finally a very evident homology was established between the nucleus rotundus according to HUBER and CROSBY (1926 and 1929) and the Kern A_2 RENDAHL'S (1924).

6. Zusammenfassung

Die Frage nach den Homologien zwischen den Kernen des dorsalen Thalamus ist unter Verwendung von neuen Rekonstruktionen und nach Durchsicht der früheren Beschreibungen geklärt worden. Eine Untersuchung, die ihren Ausgangspunkt im Furchenmuster des frühen Ventrikelreliefs nimmt, zeigt eine parallele Entwicklung der Kernanlagen, die hinter dem Reliefmuster in der diencephalen Wand der Schildkröte und des Huhns liegen. Wird die Differenzierung der Primordialkerne auf diese Weise und nach ihrer Beschreibung untersucht, wie sie in der Literatur vorliegt, so wird klar, welche der bisher verwendeten Bezeichnungen teilweise synonym sind. Ein stammbaumartiges Verzeichnis der Synonymnamen ist beigefügt. Die Bezeichnung von noch unsicher vergleichbaren Kernanlagen wird an Hand von Material embryonaler Hühnergehirne geklärt und zeigt letztlich einen hohen Grad an Homologie zwischen dem Nucleus rotundus nach HUBER und CROSBY (1926 und 1929) und dem Kern A_2 nach RENDAHL (1924).

7. Acknowledgement

This paper was completed by working in a group investigating the development of nerve fibre outgrowth in vivo. The author is thankful to Prof. GERHARD CZIHAK for reading the manuscript and for discussion of it.

8. Literature

ADAM, H., u. G. CZIHAK: Arbeitsmethoden der makroskopischen und mikroskopischen Anatomie. Gustav Fischer Verlag, Stuttgart (1964).

ARIENS KAPPERS, C. U., C. G. HUBER, and E. C. CROSBY: The comperative anatomy of the nervous system of vertebrates, including man. Mac Millan, New York (1936).

BELLONCI, J.: Les lobes optiques des oiseaux. Arch. Ital. de Biol. **4**, 21—26 (1883).

BERGQUIST, H.: On the development of diencephalic nuclei and certain mesencephalic relations in Lepidochelys olivacea and other reptils. Acta zool. (Stockh.) **34**, 155—190 (1953).

BERGQUIST, H., and B. KÄLLÉN: On the development of neuromeres to migration areas in the vertebrate cerebral tube. Acta anat. **18**, 65—73 (1953).

BERGQUIST, H., and B. KÄLLÉN: Notes on the early histogenesis and morphogenesis of the central nervous system in vertebrates. J. comp. Neurol. **100**, 627—660 (1954).

BÖSEL, R.: Die Tanycytenglia des Zwischenhirns cryptodirer Schildkröten (Testudines, Reptilia): I. Matrixdynamik und Entwicklung des Ependyms bei Emys orbicularis L. Vergleiche mit den Verhältnissen bei Eretmochelys imbricata L. J. Hirnforsch. **12**, 519—535 (1970).

CRAIGIE, E. H.: The cell masses in the diencephalon of the humming bird. Proc. kon. akad. Amsterdam **34**, 1038—1050 (1931).

EDINGER, L.: Vorlesungen über den Bau der nervösen Zentralorgane des Menschen und der Tiere: 2. Bd. Vergleichende Anatomie des Gehirns. F. C. W. Vogel, Leipzig (1908).

EDINGER, L., und A. WALLENBERG: Untersuchungen über das Gehirn der Tauben. Anat. Anz. **15**, 245—271 (1899).

GROEBBELS, F.: Untersuchungen über den Thalamus und das Mittelhirn der Vögel. Anat. Anz. **57**, 385—415 (1924).

HAMBURGER, V., and H. L. HAMILTON: A series of normal stages in the development of the chick embryo. J. Morph. **88**, 49—92 (1951).

HUBER, G. C., and E. C. CROSBY: On thalamic and tectal nuclei and fiber paths in the brain of the american alligator. J. comp. Neurol. **40**, 97—227 (1926).

HUBER, G. C., and E. C. CROSBY: The nuclei and fiber paths of the avian diencephalon, with consideration of telencephalic and certain mesencephalic centers and connections. J. comp. Neurol. **48**, 1—225 (1929).

KÄLLÉN, B.: Notes on the development of the neural crest in the head of Mus musculus. J. Embryol. exp. Morph. **1**, 393—398 (1953).

KÄLLÉN, B.: On the segmentation of the central nervous system. Lunds universitets Arsskrift NF **49**, 3—10 (1954).

KRUGER, L.: Experimental analyses of the reptilian nervous system. Ann. N. Y. Acad. Sci. **167**, 102—117 (1969).

KUHLENBECK, H.: Über die Grundbestandteile des Zwischenhirnbauplanes bei Reptilien. Gegenbaurs Morph. Jahrb. **66**, 244—317 (1931).

KUHLENBECK, H.: The ontogenetic development of the diencephalic centres in a bird's brain (chick). J. comp. Neurol. **66**, 23—76 (1937).

LANGE, S. J. DE: Das Zwischenhirn und das Mittelhirn der Reptilien. Folia Neurobiol. (Haarlem) **7**, 67—138 (1913).

LEVI-MONTALCINI, R.: The development of the acousticovestibular centers in the chick embryo in the absence of the afferent root fibers and of descending fiber tracts. J. comp. Neurol. **91**, 209—242 (1949).

MÜNZER, E., und H. WIENER: Beiträge zur Anatomie und Physiologie des Centralnervensystems der Taube. Monatsschr. Psychiatr. Neurol. **3**, 379—406 (1898).

PAPEZ, J. W.: Comparative Neurology. Hafner Publ. Co., New York (1929).

PAPEZ, J. W.: Thalamus of turtles and thalamic evolution. J. comp. Neurol. **61**, 433—475 (1935).

RENDAHL, H.: Embryologische und Morphologische Studien über das Zwischenhirn beim Huhn. Acta zool. (Stockh.) **5**, 241—344 (1924).

STIEDA, L.: Studien über das zentrale Nervensystem der Vögel und Säugetiere. Z. wiss. Zool. **19**, 1—94 (1869).

VAAGE, S.: The segmentation of the primitive neural tube in chick embryos (Gallus domesticus). Erg. Anat. Entwickl. **41**, 1—88 (1969).

The author's address:

Dr. RAINER BÖSEL
Max-Planck-Institut für Zellbiologie
Melanchtonstraße 36
D-74 Tübingen
W. Germany

From the Department of Anatomy, Wayne State University School of Medicine, Detroit, Michigan, U.S.A.

The spiny neurons in the primate striatum: A Golgi and electron microscopic study

By

Clement A. Fox, Andyr N. Andrade, Dean E. Hillman and Robert C. Schwyn

With 27 figures

Introduction

This presentation deals with the neurons in the caudate nucleus and in the putamen that have spine-laden dendrites. It will be seen that the spiny neurons are not only similar but that they are also the dominant neurons in these two nuclei and that they correspond to the smaller neurons which Foix and Nicolesco (1925) report outnumber the larger neurons 20 : 1. Structurally, of course, the caudate and the putamen are essentially alike and together they are often referred to as the "neostriatum" or simply "striatum" in contrast to the term "paleostriatum" or "pallidum" for globus pallidus and the term "archistriatum" for amygdala (Crosby et al., 1962).

Marchi (1887) was the first to investigate the caudate and putamen by means of the Golgi method. He studied the striatum of man, monkey, dog, cat, rabbit, guinea pig, rat, bat, pig and calf, but there is no indication in his paper, either in the text or in the plates, which forms are described or illustrated. He worked in Golgi's laboratory and it is not surprising that he found, in keeping with Golgi's concept of the organization of the central nervous system, a continuous reticulum of nerve fibers derived from the axons of Golgi type II cells and from the collaterals of the axons of Golgi type I cells. He gave only slight information about the dendrites, saying that they are from 4 to 8 in number, ramified irregularly at almost acute angles and become constantly more slender. It is surprising that none of his illustrations show dendrites with spines, for all subsequent investigators have found these spine studded dendrites in all forms studied. The spiny neurons are easy to impregnate and are the neurons that appear most frequently in Golgi preparations of the striatum. They have been observed in man (Kölliker, 1896), and Ramón y Çajal, 1911), in the monkey (Fox et al., 1951), in the cat (Kölliker, 1896, and Kemp, 1968b), in the rabbit (Kölliker, 1896, Ramón y Cajal, 1911, and Déjérine, 1901), in the mouse (Kölliker, 1896, and Ramón y Cajal, 1911), in the opposum, in the golden hamster and in the Canadian beaver (Pilleri, 1962). It is interesting that, except for his so-called "dwarf" or "neurogliaform" neurons, Ramón y Cajal (1911) found only neurons with spiny dendrites in the striatum. In electron microscopic studies of the putamen and caudate nucleus, dendritic spines have been observed by Mori (1966), Adinolfi (1968), and Kemp (1968a).

In the present investigation, which is based on electron microscopic preparations of the monkeys, *Macaca mulatta* and *Saimiri sciureus*, and on Golgi preparations of the monkey, *Macaca mulatta*, we have found it convenient for descriptive purposes to separate the nerve cells of the caudate nucleus and the putamen into two groups: (a) those with spiny dendrites and (b) those with smooth or aspiny dendrites. As already indicated, only the former are considered here; the latter are the subject of another paper (Fox et al., in press).

The advantages of having appropriate light microscopic preparations to provide the necessary background for interpreting the various profiles seen in the ultrathin sections made from tiny fragments of tissue and used in electron microscopy

Supported by Grant NS-06925-5 from the National Institute of Neurological Diseases and Stroke, Public Health Service.

are well known. Because the Golgi technique can reveal a nerve cell and its processes more completely and clearly than any other technique, in the case of the central nervous system, Golgi preparations supply the most appropriate background information for interpreting electron micrographs. In the illustrations presented here, photomicrographs of Golgi preparations are shown side by side with the electron micrographs to facilitate comparison and to aid interpretation.

Material and Methods

Material for this study was collected over a period of five years and during this time, in efforts to improve fixation, a variety of fixing solutions were used. The latest procedure is as follows: monkeys were anesthetized with Nembutal (sodium pentobarbital) and perfused through the left ventricle with 300—400 cc of isotonic Ringers solution followed by a hypertonic solution (750 mOs) of gluteraldehyde and paraformaldehyde in sodium cacodylate buffer (pH 7.2—7.6) for 25 minutes. The brains were removed 30 minutes after the perfusion and placed in isotonic fixative over night. Then small pieces of the caudate nucleus and the putamen were post-fixed in 1% osmium tetroxide. The small blocks were placed in a saturated uranyl acetate over night and subsequently dehydrated in ethyl alcohol, embedded in Maraglas and sectioned with a LKB or Reichert ultratome. Ultrathin sections (silver) were picked up on copper grids, stained with lead citrate and observed with a RCA EMU-3G electron microscope. The observations from Golgi material reported here are based on a long-time study of the extensive collection of Golgi preparations of adult monkey brains (*Macaca mulatta*) available in this laboratory and prepared by the method of Fox et al. (1951).

Observations

In Nissl preparations the caudate and putamen have a rather homogeneous appearance. There is no lamination and there appears to be no special cell grouping. In Golgi preparations the neurons that impregnate most frequently and most easily are the neurons with spiny dendrites. Actually, in most of our Golgi material of the striatum they are the only neurons impregnated. For a long time, especially after reading Ramón y Cajal (1911), it was our opinion that all neurons in these nuclei have spiny dendrites; it was only after considerable searching through a large number of preparations that a few neurons with aspiny dendrites were found.

Golgi preparations

The dendrites of the spiny neurons radiate in all directions. This is obvious from viewing such neurons in frontal sections of the putamen (Figs. 2, 5 and 6), in frontal sections (Figs. 1 and 4), in horizontal sections (Fig. 7) and in saggital sections (Fig. 8) of the caudate nucleus. The dendrites extend from the cell body for a distance ranging from 150 to 200 microns. Usually the dendrites from any one neuron are roughly the same in length but occasionally a single dendrite may extend for a greater length than the other dendrites. Since the dendrites radiate in all directions, the dendrites of any one of these neurons extend into a spheroid space 300—400 microns in diameter. In Nissl preparations these neurons appear to be relatively close to each other; in electron micro-

→

Figs. 1—9. Golgi impregnations from the caudate nucleus and putamen of the monkey (*Macaca mulatta*). All shown at the same magnification. × 250.

Fig. 1. A spiny neuron; caudate nucleus; frontal section. Cell body diameter: 14 microns.

Fig. 2. Two spiny neurons; putamen; frontal section. Cell body diameters: 16 and 15 microns.

Fig. 3. Two of Ramón y Cajal's (1911) so-called 'dwarf' nerve cells or neurogliaform neurons; putamen; frontal section. Actually these cells are oligodendroglia and not nerve cells. They are shown here for the sake of comparison.

Fig. 4. Spiny neuron; caudate nucleus; frontal section; cell body diameter 20 microns.

Fig. 5. Spiny neuron; putamen; frontal section; cell body diameter 15 microns. Note the delicate beaded axon (A) emerging as an elongated conical extension from cell body. It has collaterals and can be followed for 150 microns.

Fig. 6. Spiny neuron; putamen; frontal section; cell body diameter 17 microns. The axon (A) curves sharply and is cut off in section.

Fig. 7. A spiny neuron; caudate nucleus; horizontal section; cell body diameter 22 microns.

Fig. 8. A spiny neuron; caudate nucleus; sagittal section; cell body diameter 16 microns.

Fig. 9. A spiny neuron in the internal capsule near the putamen; frontal section; cell body diameter 24 microns. This neuron appears to be compressed in the internal capsule and its dendrites are elongated from the opposite ends of the cell body.

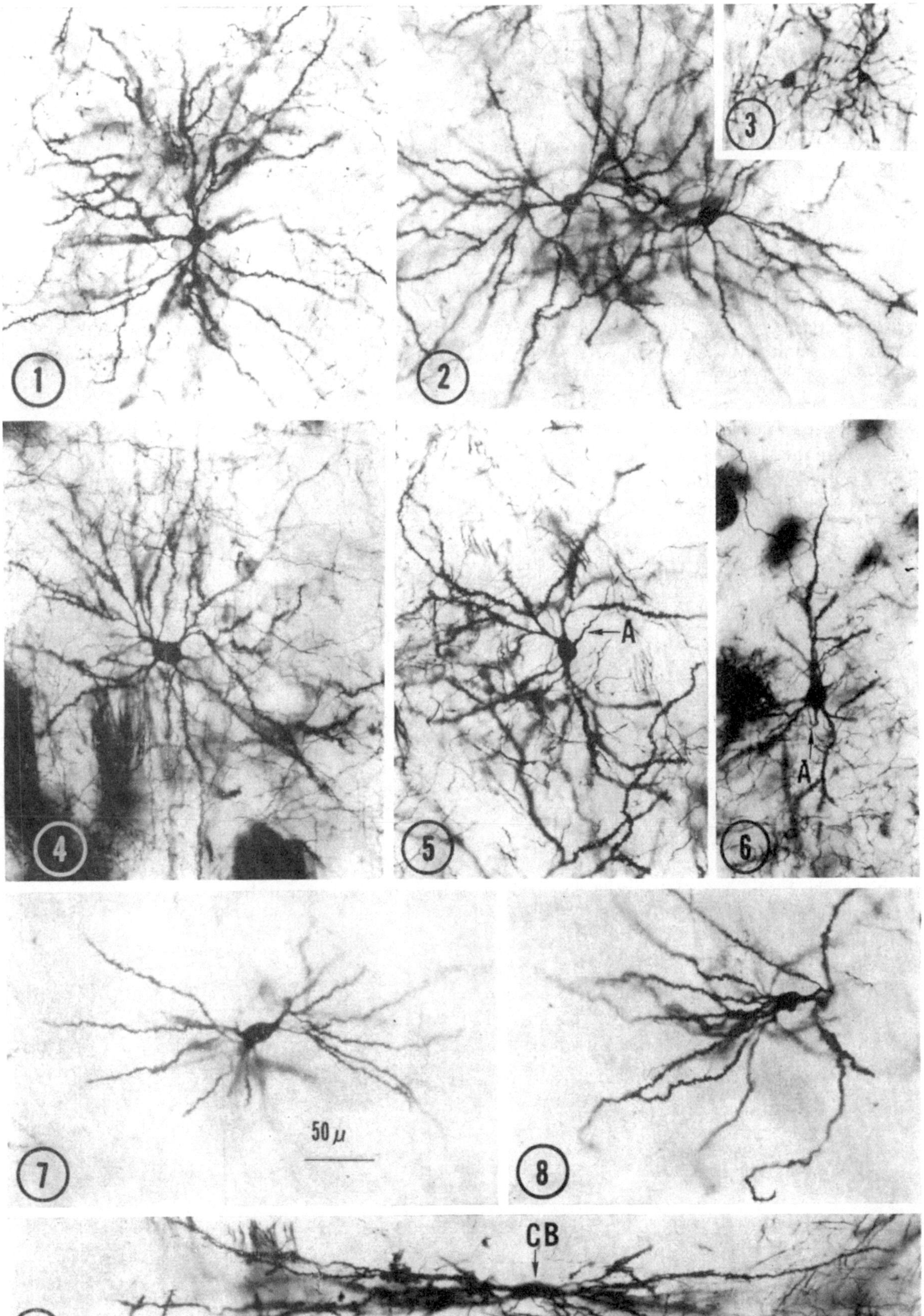
1
2
3
4
5
A
6
A
7
50 μ
8
9
CB

graphs the cell bodies of several or more of these neurons in apposition with adjacent nerve cell bodies can be observed in the same field. Therefore, there is a considerable overlap of the spheroid province of any one neuron with that of adjacent and nearby neurons. In heavy impregnations where a large number of these neurons have taken on the silver chromate reaction, the dendrites appear as an impenetrable thicket.

The cell bodies of the spiny neurons are round, ovoid, fusiform or triangular. Their sizes, as determined by measuring in the direction of their greatest extension, place them well within the range of the small cells that the cytoarchitectonists find in the neostriatum. This measurement is apt to be slightly more in Golgi preparations than in Nissl preparations because it is difficult to decide where the soma leaves off and the dendrites begin. The diameters of the cell bodies illustrated here are: 14 microns in Fig. 1; 16 and 15 microns in Fig. 2; 2 microns in Fig. 4; 15 microns in Fig. 5; 17 microns in Fig. 6; 22 microns in Fig. 7; 16 microns in Fig. 8; 24 microns in Fig. 9; and 14 microns in Fig. 10. It should be noted that the cell bodies of the neurons in Fig. 7 and in Fig. 9 are exceptionally large. When the dendrites arise from the opposite ends of the cell body, as in these two neurons, the cell body is elongated in the direction of the dendrites and the greater the profusion and the lengths of the dendrites the greater is the length of the cell body.

It is known that as the internal capsule separates the caudate nucleus and the putamen, strands and islands of neurons, belonging to the striatum, are caught in the internal capsule and form bridges of gray matter between the caudate nucleus and the putamen. The spiny neuron (Fig. 9) is one of the neurons caught in the internal capsule near the putamen and, undoubtedly, in this situation the restriction imposed by the dense packing of myelinated fibers influences the direction and extension of its dendrites and the elongations of its cell body. This neuron spans a narrow space approximately 600 microns in length. We have never seen a spiny neuron with a cell body of comparable length in the caudate nucleus or in the putamen. The usual range of the cell bodies of these neurons in the striatum is 14 to 18 and, occasionally, 20 microns in diameter.

On the same plate with the spiny neurons, and shown at the same magnification to facilitate comparisons, are two of Ramón y Cajal's (1911) so-called "dwarf" nerve cells or neurogliaform neurons (Fig. 3). The diameters of the cell bodies of cells are 8 to 12 microns. Evidence indicating that they are not neurons but are oligodendroglia will be presented later (Fox et al., in preparation).

Nerve cell body in electron micrographs

In electron microscopic preparations the profiles of the cell bodies of the spiny neurons usually have a rounded contour (Figs. 11 and 24) and a centrally located, relatively large nucleus surrounded by a thin rim of cytoplasm. Occasionally, the nucleus may show indentations. The nucleus contains one or two eccentrically located nucleoli. At times regularly deposited small clumps of chromatin material on the inner surface of the nuclear membrane give this membrane a beaded appearance. The cytoplasm contains mitochondria, a few dense bodies, a few neurotubules, profiles of the Golgi apparatus and numerous free ribosomes which appear as rosettes or clusters (Figs. 11 and 27). Rough endoplasmic reticulum is sparse and is not arranged in stacks, which is in keeping with the achromatic appearance these neurons have in Nissl preparations.

Dendritic pattern

The dendritic pattern of these nerve cells is remarkably similar from neuron to neuron (Figs. 1, 2, 4, 5, 6, 7, 8, 10 and 23). The dendrites emerge from the cell body in trunks, roughly 8 to 10 microns in length, and 2.5 microns or less in diameter,

→

Fig. 10. A montage of a spiny neuron from the putamen, showing 'bouton en passage' afferent fibers (AF) 'crossing over' its dendrites. Note the spine-free dendritic trunk (open block arrow) and the initial, spine-free dendritic branches (closed block arrows) and compare with the electron micrograph, Fig. 11. Unlabeled arrows point to 'warty, hook-like' processes on the afferent fibers (Golgi preparation; *Macaca mulatta*; 53x oil immersion obj.) × 700.

Fig. 11. An electron micrograph showing a spiny neuron, one of its dendritic trunks (open block arrow) and three initial spine-free branches (closed block arrows). (AS) astrocyte; (N) nucleus; (db) dense body; (dt) dendritic tubules; (m) mitochondria; (re) rough endoplasmic reticulum. (Caudate nucleus; squirrel monkey, *Saimiri sciureus*.) × 10,000.

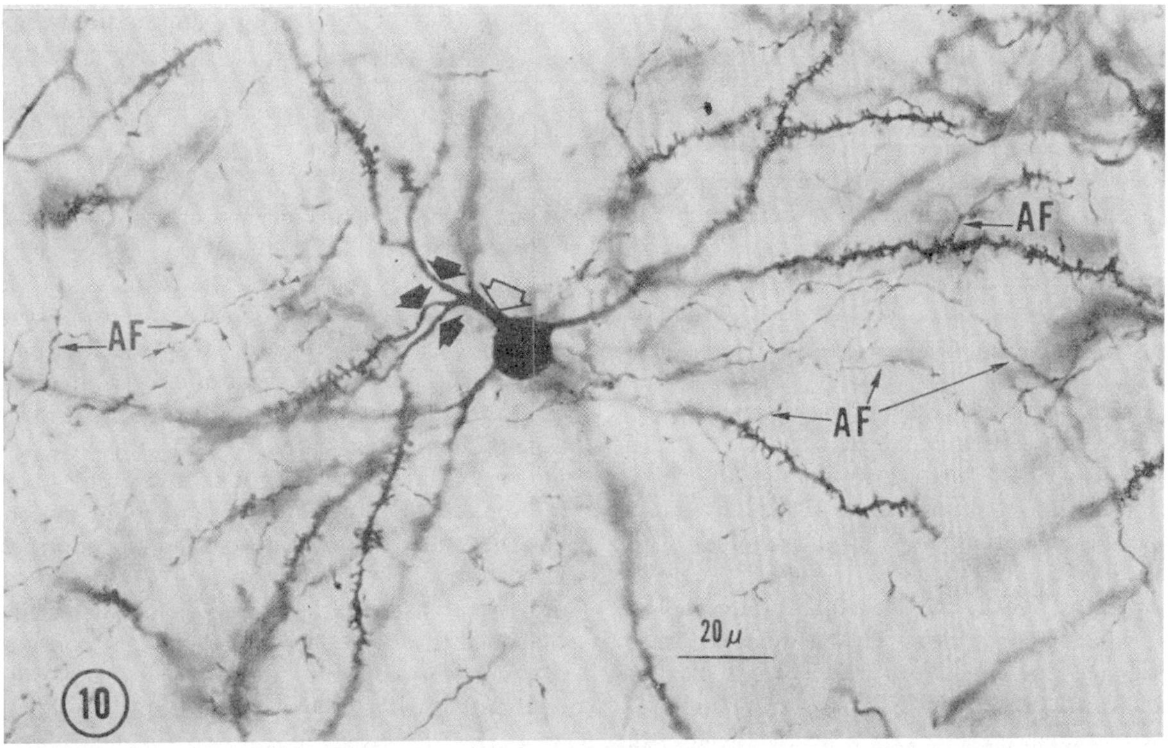
AF
AF
AF
20 μ
10

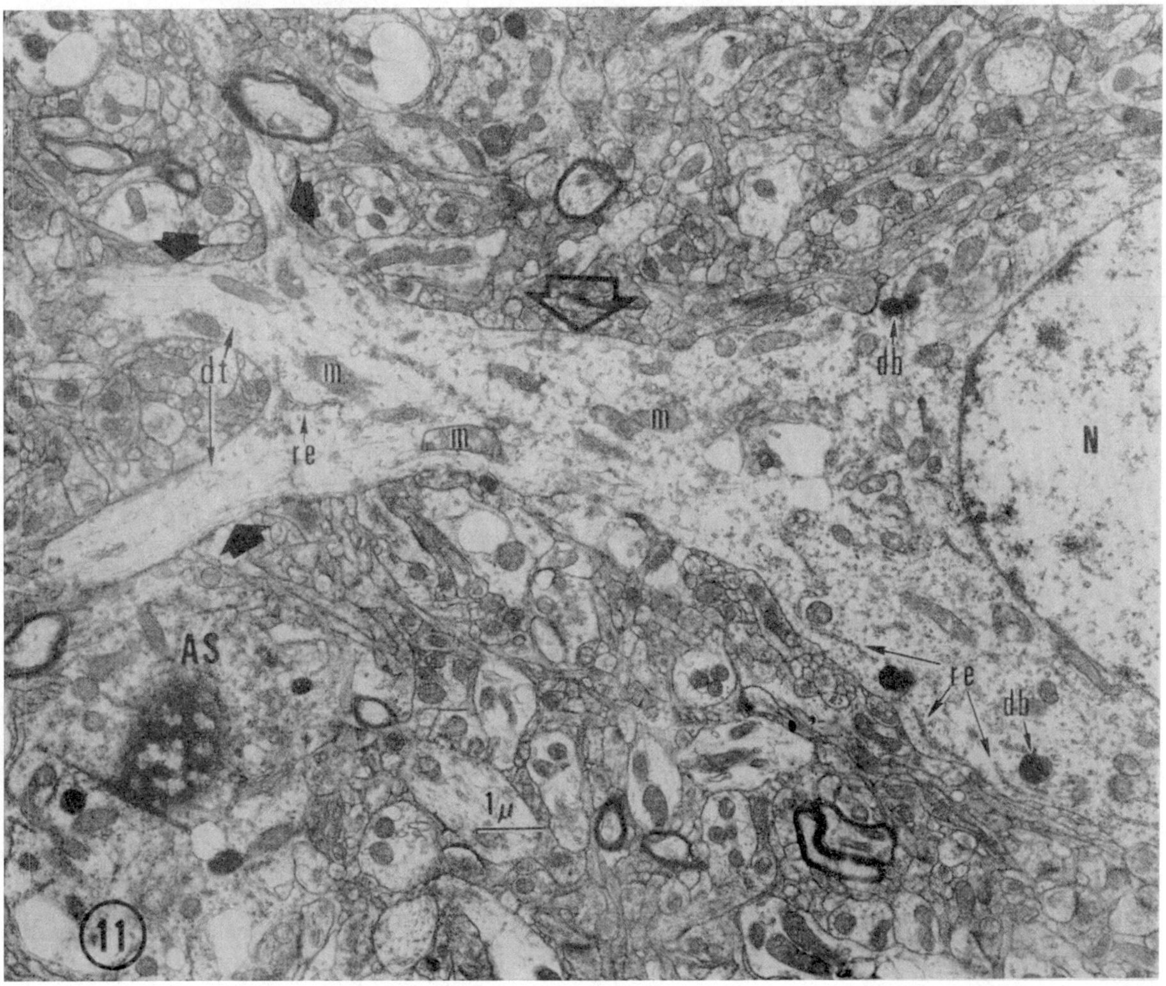
dt
m
m
re
m
db
N
AS
re
db
1 μ
11

which give rise to several or more branches. The dendritic trunks are spine-free. So, too, are the initial segments of the branches arising from these trunks. Then they are covered with the most robust spines found anywhere in the central nervous system. The spiny branches maintain a rather uniform diameter, approximately one micron and, though they may branch, they do not attenuate.

Dendrites in electron micrographs

Dendritic trunks (open block arrows, Fig. 10) and the spine-free proximal segments of their branches (closed block arrows, Fig. 10) can be compared in Golgi preparations and in the adjacent electron micrograph (Fig. 11). The profiles of the emerging dendritic trunks (Figs. 11 and 24) frequently have the same structure as the cytoplasm surrounding the nucleus. They contain mitochondria, free ribosomes and occasional bits of rough endoplasmic reticulum. Note the rough endoplasmic reticulum (re, Fig. 11) in the distal end of the dendritic trunk. Dendritic tubules are usually sparse but they become prominent in the distal end of trunks and in the proximal portions of the dendritic branches (dt, Fig. 11). At times the emerging dendritic trunks display more dendritic tubules than are visible here and in these instances ribosomes are sparse.

The profiles of the spiny dendritic branches can be identified unequivocally in electron micrographs when they display emerging spines as they do in figures 17 and 19. In our preparations these dendrites have a "washed out" appearance and do not appear to be too well fixed. They contain a number of mitochondria, elongated in the direction the dendrite is elongated. Some of these mitochondria are 2, 3 and even 4 microns in length. Dendritic tubules are not prominent. Whether this is due to the difficulty of obtaining good fixation or whether there is an actual paucity of dendritic tubules in these dendrites, we cannot say. In instances where we have observed dendrites with a number of prominent well fixed dendritic tubules, it is our opinion, which we offer without proof, that such dendritic profiles are sections through aspinous dendrites. It can be said with certainty, however, that most of the dendritic profiles seen in electron micrographs of the caudate nucleus and the putamen are profiles of the spiny branches, because the spiny neurons vastly outnumber all other neurons in these nuclei. Before describing the dendritic spines it is well at this point to consider the afferent fibers which come into relationship with the spiny dendrites.

Afferent fibers

Bundles of afferent fibers (AFB) dispersing in the putamen and forming dense fiber plexuses (AP) are shown in the Golgi preparation (Fig. 12). Some indication of the density of the afferent plexus that pervades the putamen and the caudate nucleus can be had by viewing the heavy impregnation (AP) in the upper right hand corner of this photomicrograph. The region beneath the open block arrow in figure 12 is shown under

→

Fig. 12. A Golgi preparation from the putamen of the monkey (*Macaca mulatta*) showing bundles of afferent fibers (AFB) and the density of the afferent plexus (AP). Note one of the bundles breaking up into an afferent plexus. The area under the open block arrow is shown at higher magnification, Fig. 13. × 250.

Fig. 13. A few of the afferent fibers in figure 12, shown with the 100 *x* oil immersion objective. They are 'bouton en passage' fibers. Note the constrictions (open block arrow) and the dilatations (closed block arrows) in these varicose fibers and compare them with the varicose fibers in the electron micrograph, Fig. 15.

Fig. 14. A spine-laden dendrite (D) in the caudate nucleus of the monkey (*Macaca mulatta*); (pS) pedunculated spine; (sS) sessile spine. (Golgi preparation; 100 *x* oil immersion obj.) × 1,000.

Fig. 15. An electron micrograph showing constrictions (open block arrows) and dilatations (closed block arrows) in fine varicose fibers in the caudate nucleus of the monkey (*Macaca mulatta*). The dilatations here contain large synaptic vesicles and, therefore, do not synapse with dendritic spines. (D) dendrite; (lsv) large synaptic vesicles; (m) mitochondria; (ssv) small synaptic vesicles. × 30,000.

Fig. 16. An electron micrograph showing a pedunculated spine (S) contacted by a synaptic ending with small synaptic vesicles (ssv), forming a cup-shaped asymmetrical synapse. The block arrows indicate regions where the synaptic cleft narrows. Also there is a dendrite (D) contacted by a synaptic ending with large synaptic vesicles (lsv) forming a symmetrical synapse. The diameter of the cross-cut dendrite, displaying cross-cut dendritic tubules (dt), is too small to be that of a dendrite of a spiny neuron (see text). (dp) dense projection; (m) mitochondria; (caudate nucleus; squirrel monkey, *Saimiri scuireus*.) × 70,000.

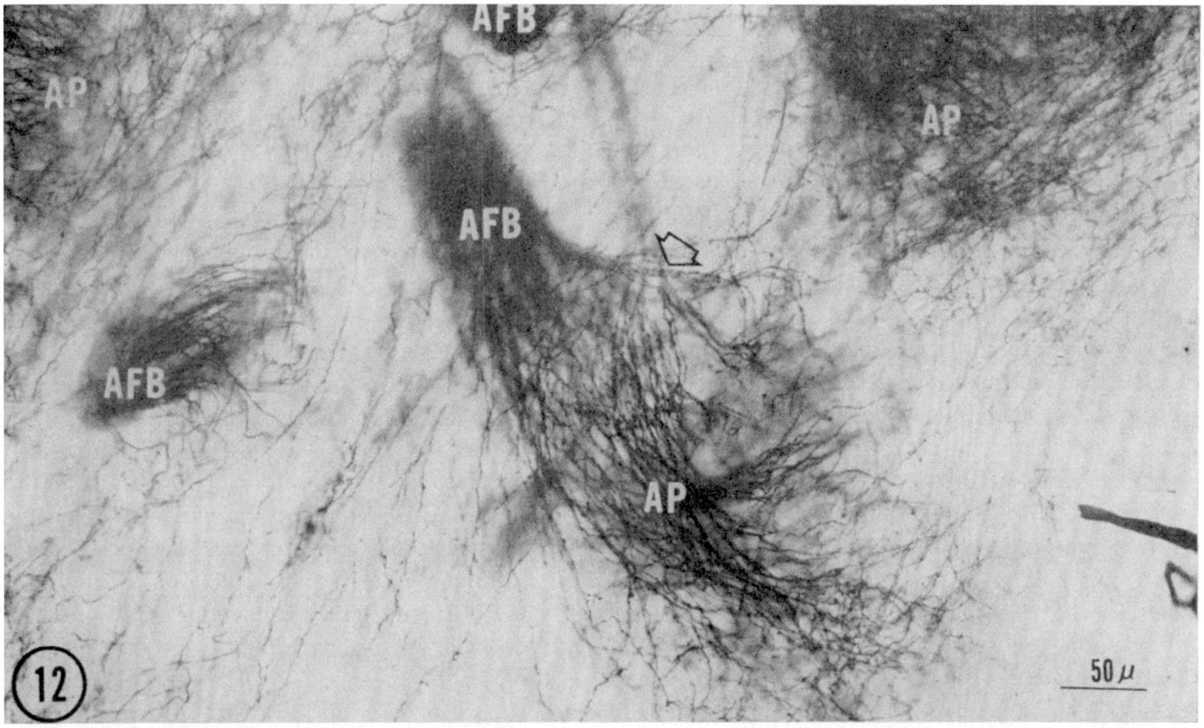
AFB
AP
AP
AFB
AFB
AP
12
50 μ

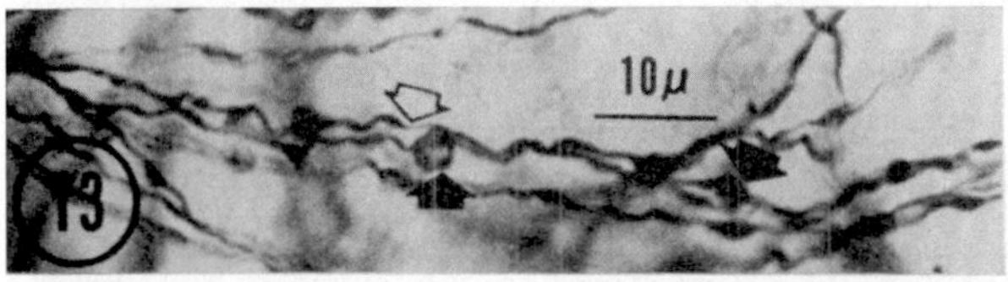
10 μ
13

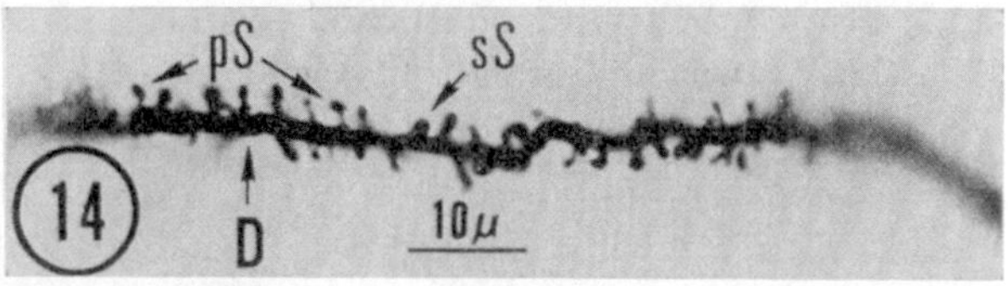
pS
sS
D
14
10 μ

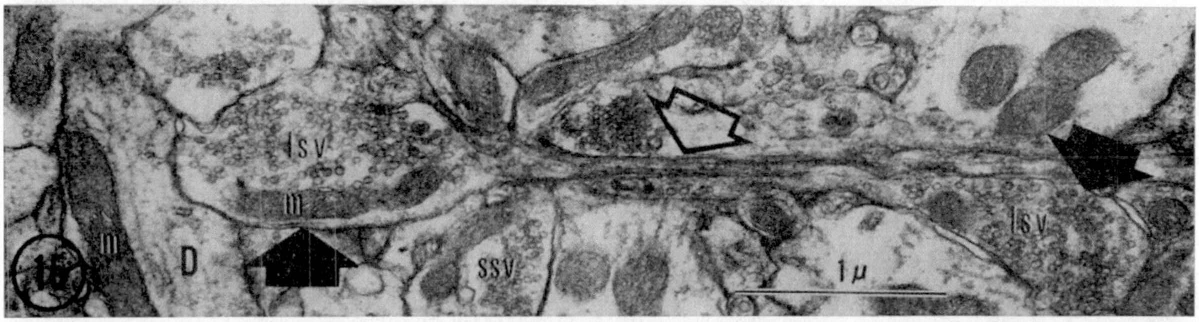
lsv
m
m
D
ssv
lsv
1 μ

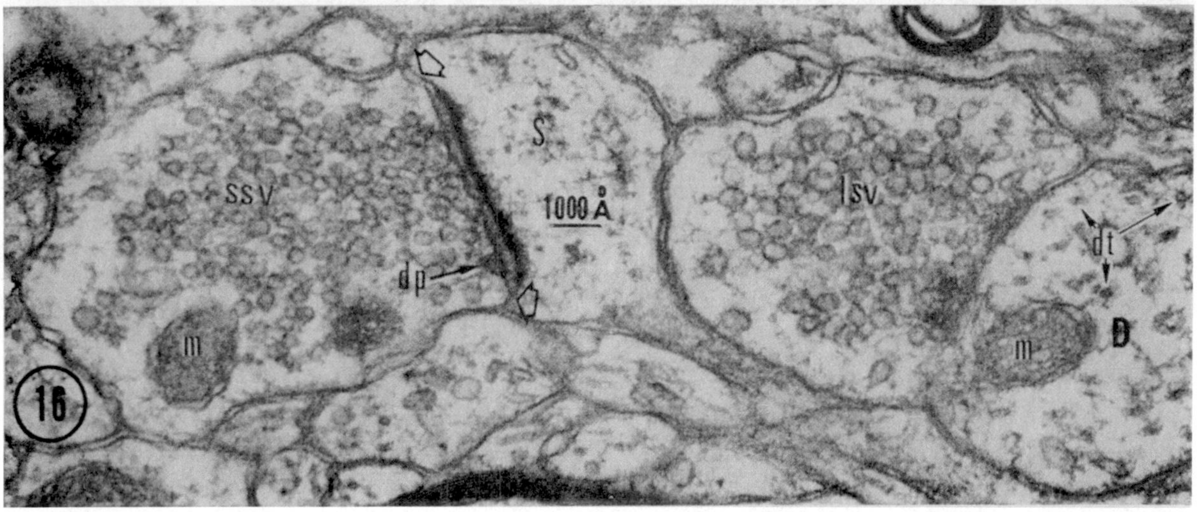
S
ssv
1000 Å
lsv
dt
dp
m
m
D
16

100 *x* oil immersion in figure 13. Note here that these fine afferent fibers have a kinky appearance and that they display periodic constrictions (open block arrows) and dilatations (closed block arrows). Shown also at the same magnification (100 *x* oil immersion, Fig. 14), so that these related elements can be compared, is a spiny dendrite. In the electron micrograph (Fig. 15) there are profiles of two afferent fibers. They also reveal constricted regions (open block arrow) and dilated regions (closed block arrows). The dilated regions are filled with synaptic vesicles. In addition to these spheroid and fusiform swellings the afferent fibers also have short, warty hook-like extensions (unlabeled arrows, Fig. 10) that are similar to those observed on the parallel fibers of the cerebellar cortex (Fox and Barnard, 1957). It is clear from observing a large number of Golgi preparations such as that in figure 10, where a few afferent fibers and a few spiny dendrites are impregnated, that the afferent fibers with their "bouton en passage" endings cross over the spiny dendrites and form "cruciform-axodendritic" connections. The significance of this type of synaptic pattern is considered in the discussion.

Dendritic spines

The dendritic spines of the spiny neurons in the caudate nucleus and the putamen display considerable variations in size and shape as they do in the pyramidal neurons of the cerebral cortex. Most of them have bulbous heads which are attached to the parent dendrite by means of a narrow stalk or pedicle. The pedicle may be relatively short but usually it is of some length. A few spines show no noticeable constriction and are of nearly equal breadth throughout their length. These latter spines have been called *sessile* and the former *pedunculated* by Jones and Powell (1969b) in their study of the morphological variations in the dendritic spines of the neocortex.

Pedunculated (pS) and sessile (sS) spines are shown in the Golgi impregnation of a dendrite from the caudate nucleus (Fig. 14) and forms, intermediate between the two extremes labeled here, can also be recognized. In the electron micrographs (Figs. 16—22) samples of dendritic spine profiles, illustrating various features of their structure, are shown and, in instances where there are more than one spine in the electron micrograph, the spines are numbered to facilitate their description. Thus there are five spines in figure 17 and two spines each in figures 19, 20 and 21. Incidentally, the spine (S, Fig. 16), the spines S_1 and S_2, Fig. 17) and spine (S_1, Fig. 19) are pedunculated spines. However, the profiles of spines can easily be recognized in ultrathin sections even when the spine profile lacks a peduncle and when it is not in continuity with its parent dendrite. They form "type I" (Gray, 1959) or "asymmetrical" (Colonnier, 1968) synapses with their respective synaptic endings, they have a flocculent granular matrix and they contain no dendritic tubules and no mitochondria. The spine profiles frequently show a spine apparatus (sap, Fig. 17, 18, 20 and 22) and occasionally contain a few vesicles (S_2, Fig. 17; S, Fig. 18).

In addition to displaying considerable variations in size, length and mode of attachment to their parent dendrites, whether pedunculated or sessile, the spines on the spiny neurons of the neostriatum show the same variations in shape that Jones and Powell (1969b) found in the spines of neocortical neurons. Thus the surfaces that they present to their synaptic endings can be distinguished as one of three basic types: cup-like, rounded and prismatic. In the cup-like spines the synaptic endings invaginate the spine (S, Fig. 16 and 18; S_1, Fig. 20). Note in each of these figures that the synaptic cleft narrows (open block arrows) at the extremities of the 'active zone'. The rounded spines (S, Fig. 22) and the prismatic spines (S_1, Fig. 21) invaginate the synaptic endings. In the latter there are two

→

Fig. 17. An electron micrograph from the caudate nucleus of the monkey (*Macaca mulatta*) showing five dendritic spines. Two of them (S_1 and S_2) arise from the longitudinally sectioned dendrite (D). The closed block arrow points to a symmetrical synapse on the obliquely sectioned dendrite (D). Two open block arrows point to two additional synaptic endings that could possibly synapse on spine (S_1). Another open block arrow points to a second synaptic ending that may synapse on spine (S_4). (AS) astrocytic process; (S_1 to S_5) spines; (X) dense core vesicles; (az) 'active zone'; (dt) dendritic tubules; (m) mitochondria; (sap) spine apparatus; (spv) 'spiked' or complex vesicle. × 25,000.

Fig. 18. An electron micrograph of a cup-like spine (S) contacted by a synaptic ending containing small synaptic vesicles (ssv). Note the vesicles and the spine apparatus (sap) in the spine. Open block arrows point to regions where the synaptic cleft narrows. (Caudate nucleus; *Macaca mulatta*.) × 72,000.

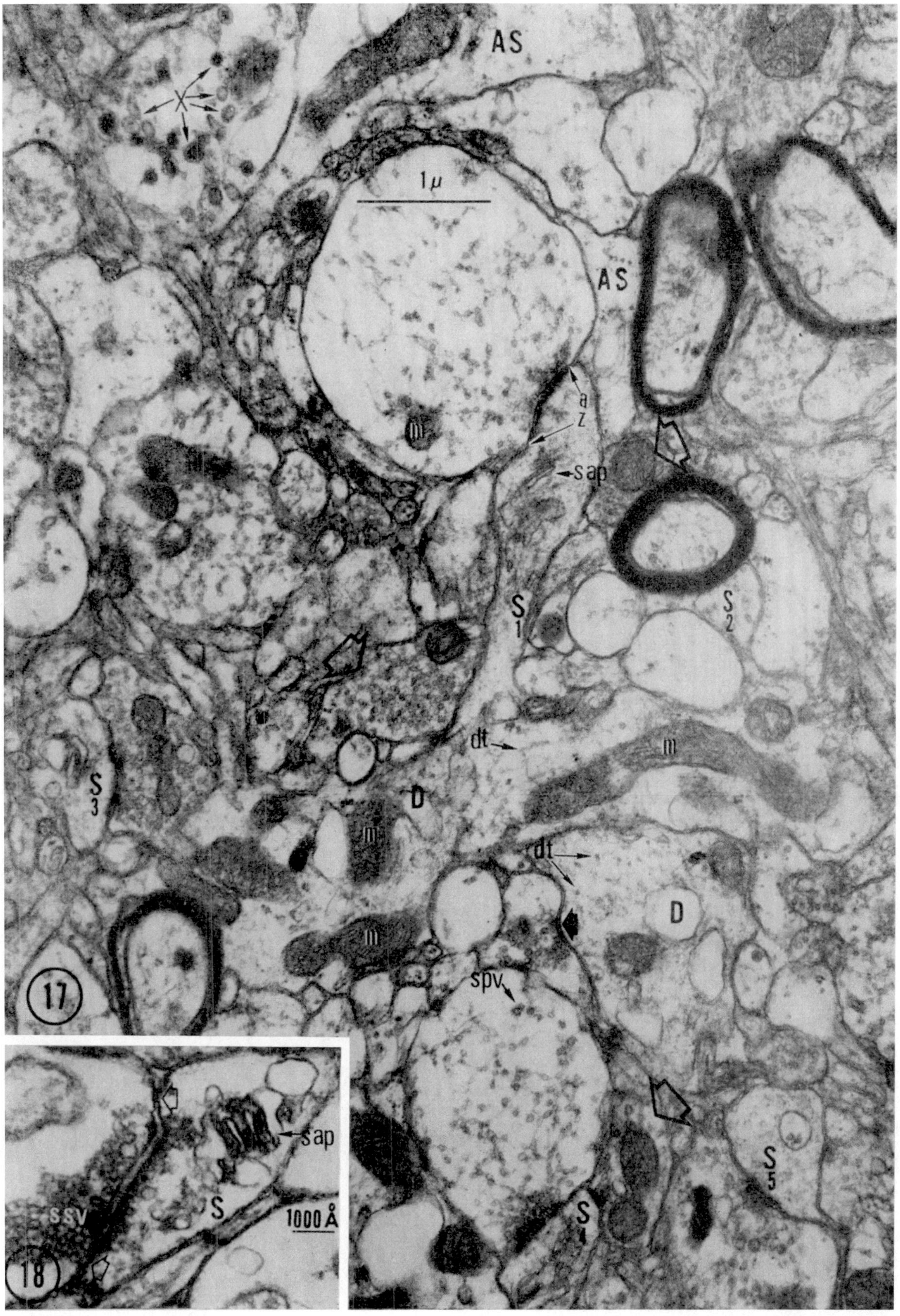
AS
X
1μ
AS
a
z
m
sap
m
S
1
S
2
dt
m
S
3
D
m
dt
D
m
spv
17
sap
S
SSV
1000 Å
S
4
S
5
18

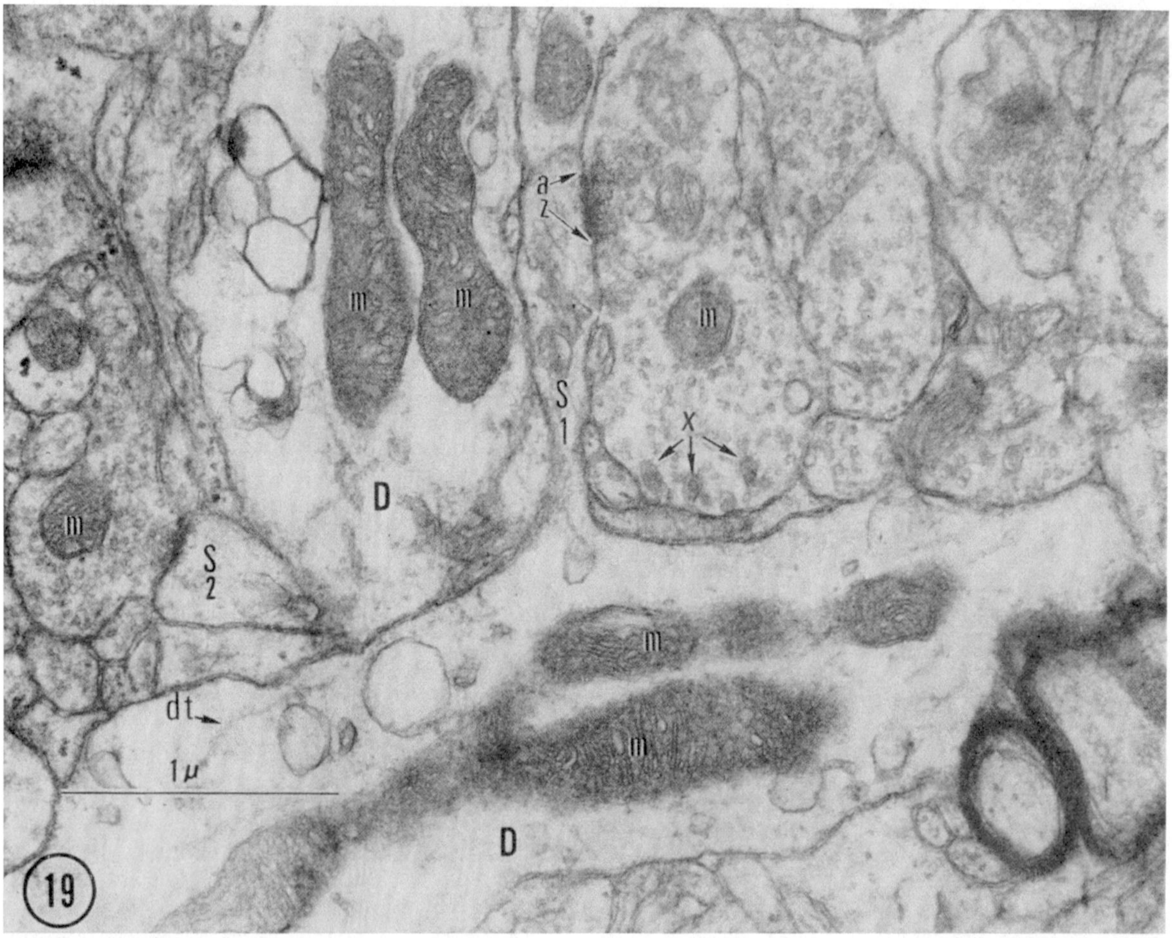
a
z
m
m
m
S 1
x
D
m
S 2
m
m
dt
1 μ
D
19

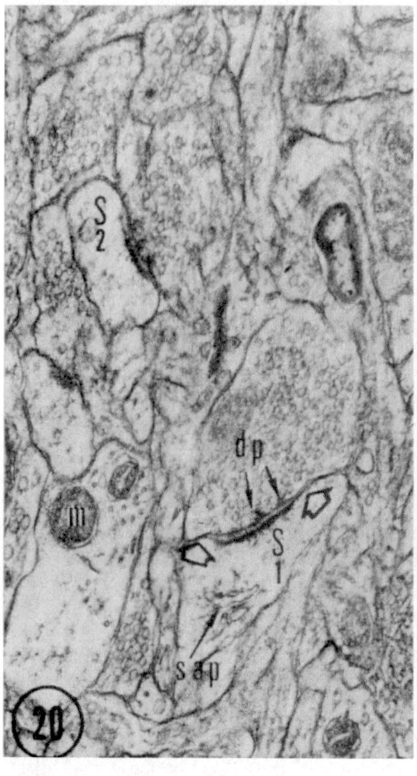
S 2
m
dp
S 1
sap
20

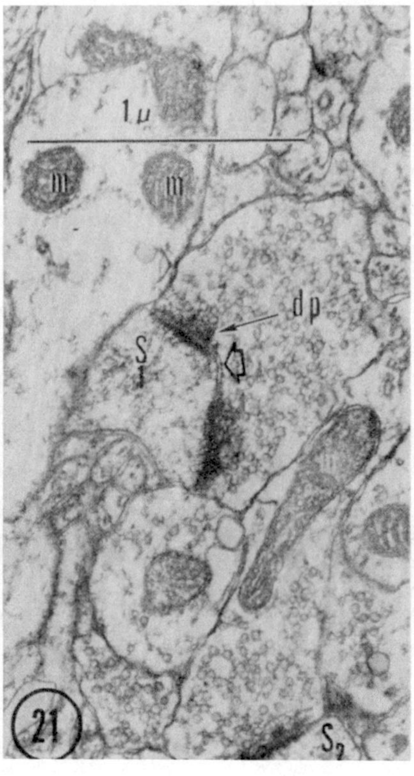
1 μ
m
m
dp
S 1
S 2
21

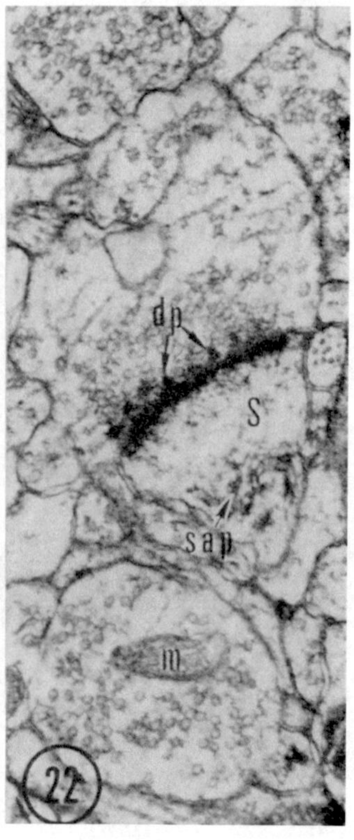
dp
S
sap
m
22

'active zones' and between them at the apex of the prism (open block arrow) the synaptic cleft narrows. This synaptic arrangement resembles the "bigeminal" axo-dendritic synapse described by VAN DER LOOS (1963). In the region of the 'active zone' there is dense material on the postsynaptic membrane which gives these synaptic junctions their asymmetrical appearance. On the presynaptic membrane there are dense projections (dp, Figs. 16, 20, 21 and 22) such as GRAY (1963) observed in the spinal cord and PFENNINGER et al. (1969) observed in the subfornical organ.

In view of RAMÓN Y CAJAL'S (1909) suggestion that the dendritic spines are devices for increasing the synaptic surface and making the synapse more intimate, attention is directed, particularly, to the fortunate sections (Figs. 17 and 19) in which relatively large profiles of dendritic spines in the caudate nucleus are in continuity with profiles of their parent dendrites and in contact with the synaptic endings that activated them. The synaptic ending on spine 1 (S_1, Fig. 17) is poised to one side of the tip of this spine, two microns away from the parent dendrite and the 'active zone' (az, Fig. 17) is slightly more distant. Moreover, the pedicle of this spine at its narrowest constriction in this profile is approximately one-fourth of a micron. Perhaps the phrase that should be emphasized in the sentence above the last is: "away from the parent dendrite". The perimeter of this spine profile measures approximately 5.64 microns and the length of the 'active zone' is approximately .64 microns. Thus, in this incomplete view of a spine and its activating synaptic ending, the length of the 'active zone' occupies 11.3% of the total length of the spine's perimeter. Next, the length of the perimeter of spine 1 (S_1, Fig. 19) is approximately 2.75 microns and the length of the 'active zone' here is approximately .25 microns. Again the percentage of the perimeter of this spine devoted to the 'active zone' is 11%. Of course, we realize that to obtain accurate data these spines should have been reconstructed in the third dimension; nevertheless, these profiles, we feel, supply some information. The synaptic ending is on one side of spine 1 (S_1, Fig. 19) and, although the synaptic ending is only one-tenth of a micron away from the dendrite, the 'active zone' is still one micron away from the dendrite. The narrowest constriction of the pedicle here is one-tenth of a micron. Note also the slender caliber of the spine pedicles in figures 16 and 27.

The reader may be interested in the lengths of the 'active zones' on some of the other spine profiles shown here; they are: (S, Fig. 16), .45 microns; (S, Fig. 18), .48 microns; (S_1, Fig. 20), .34 microns; (S_1, Fig. 21), .26 and .31 microns, respectively; (S_1, Fig. 22), .68 microns; (S, Fig. 27), .25 microns.

COLONNIER (1968) and JONES and POWELL (1969b) occasionally found more than one synaptic ending on dendritic spines in the neocortex. Accordingly, we have searched through our electron micrographs to see if this occurs on the spines of the spiny neurons of the striatum. To date we have no clear cut evidence for this; if it does occur, it must be extremely rare. Nevertheless, in figure 17 two open block arrows point to two synaptic endings that may possibly synapse on the spine (S_1), and another open block arrow points to a second synaptic ending that may synapse on the spine (S_4).

Synaptic endings

In the putamen and caudate nucleus we have observed two types of synaptic endings: (1) endings with large synaptic vesicles; (2) endings with small synaptic vesicles. The differences between these two types of endings can be seen at a glance and directly compared where both occur in the same electron micrograph as they do in figures 15, 16, 26 and 27. Most of the small synaptic vesicles (ssv) are less than 400 Å and range mostly between

←

Fig. 19. An electron micrograph from the caudate nucleus of the monkey (*Macaca mulatta*) showing the dense packing of the spiny neurons. The vertically running dendrite (D) is in apposition with spine 1 (S_1) and the dendrite (D) from which spine 1 (S_1) emerges. Spine 2 (S_2) is either in apposition with the vertically running dendrite or emerges from it. (X) dense core vesicles; (az) 'active zone'; (dt) dendritic tubules; (m) mitochondria. × 40,000.

Fig. 20. A cup-like spine (S_1). (dp) dense projections; (sap) spine apparatus; (open block arrows) regions where synaptic cleft narrows. (Putamen; squirrel monkey, *Saimiri sciureus*.) × 40,000.

Fig. 21. A prismatic spine (S_1). (dp) dense projections; (open block arrow) region where synaptic cleft narrows; (m) mitochondria. (Caudate nucleus; squirrel monkey, *Saimiri sciureus*.) × 40,000.

Fig. 22. A rounded dendritic spine (S). (dp) dense projections; (m) mitochondria; (sap) spine apparatus. (Caudate nucleus; squirrel monkey, *Saimiri sciureus*.) × 40,000.

300 and 400 Å while the large synaptic vesicles (lsv) are greater than 400 Å and range mostly between 500 and 600 Å. The large synaptic vesicles (lsv) are more polymorphic than the small synaptic vesicles and some of them are elongated and egg-shaped. Our experience to date indicates that the endings with large synaptic vesicles terminate on dendrites (lsv, Figs. 16 and 26) and never on spines. Also, the few endings that we have found on the cell bodies of the spiny neurons thus far have been endings containing large synaptic vesicles. The endings with small synaptic vesicles terminate on dendritic spines (ssv, Figs. 16 and 18) but they also contact dendrites (closed block arrow, Fig. 17; ssv, Fig. 26). It is usually not possible to determine whether a dendritic profile is derived from a spiny or an aspiny neuron, but in instances in which identification can be made with certainty, because of the emergence of a dendritic spine, we have found on the dendrites of the spiny neurons both types of endings, endings with large synaptic vesicles and endings with small synaptic vesicles. In a few instances in which we have felt fairly certain of identifying a dendritic profile as that of an aspiny neuron we have found only endings with large synaptic vesicles on them. A case in point is the transversely sectioned dendrite (D, Fig. 16). That it is transversely sectioned is obvious from the cross-cut dendritic tubules. It is slightly more than .6 of a micron in diameter and is thus too small to be a cross-cut spiny dendrite. The aspiny dendrites vary considerably in size and they taper. So we conclude that the dendrite in figure 16, contacted by an ending with large synaptic vesicles, is derived from an aspiny neuron. Incidentally, the beaded fibers in figure 15 contain large synaptic vesicles and, therefore, are not afferents that contact dendritic spines.

In both types of synaptic endings in the putamen and caudate nucleus there are dense core vesicles (X, Figs. 17 and 19) which are usually some distance from the 'active zone' of the synaptic junction. These vesicles range from 800 to more than 1000 Å in diameter. Also, there are the complex vesicles of GRAY (1961), (known, too, as "spiked" vesicles; ANDRES, 1964; FOX et al., 1967), in the synaptic endings of the striatum (spv, Fig. 17). We have on a few occasions observed endings with flattened vesicles (open block arrow, Fig. 26) but our observations are too scanty to say much about them.

We have already mentioned the dense packing of the spiny neurons and that at times several or more of their cell bodies in apposition can be observed in the same electron micrograph. To stress this further, attention is directed to spine 1 and spine 2 in figure 19 in apposition with a dendrite, which in turn is in apposition with the dendrite from which spine 1 emerges. Note also the two labeled dendrites (D) in figure 17 in apposition with each other.

Axons of the spiny neurons

The axons of the spiny neurons emerge from the cell bodies, usually as conical elongations, which gradually narrow and attain their definitive caliber 15 to 20 microns from the cell body. They are delicate, give off several or more collaterals and terminate a short distance from the cell body. From observing a number of impregnations we can only conclude that the spiny neurons are short-axon neurons, i.e. Golgi type II neurons. We have never followed them much more than 150 microns from the cell body. That is about the distance the axon in figure 5 can be followed. This axon is

→

Fig. 23. A montage of a spiny neuron from the putamen showing an axon (A) emerging and giving off a collateral (C). This is the same neuron shown in figure 5. Here the collateral is in focus but the beaded segment of the axon is slightly out of focus. (Golgi preparation; *Macaca mulatta*; 53 *x* oil immersion obj.) × 700.

Fig. 24. A low power electron micrograph showing a dendrite (D) and the initial segment of the axon (IS) emerging from opposite ends of the cell body. (N) nucleus; (re) rough endoplasmic reticulum. (Caudate nucleus; squirrel monkey, *Saimiri sciureus.*) × 5,000.

Fig. 25. The initial segment of the axon (IS) seen in figure 24 is enlarged here. Its streaked appearance is due to the fasciculation of the neurotubules (nt). (N) nucleus; (m) mitochondria; (v) vesicles. (Caudate nucleus; squirrel monkey, *Saimiri sciureus.*) × 15,000.

Fig. 26. An electron micrograph showing a cross-cut initial segment of an axon (IS). Note the grouping of the neurotubules (nt) and the clusters of vesicles (v) within this axon. Note also the longitudinally sectioned dendrite (D) contacted by two synaptic endings containing large synaptic vesicles (lsv) and the cross-cut dendrite (D) contacted by a synaptic ending containing small synaptic vesicles (ssv). (open block arrow) a synaptic ending containing flattened vesicles; (m) mitochondria. (Caudate nucleus; squirrel monkey, *Saimiri sciureus.*) × 40,000.

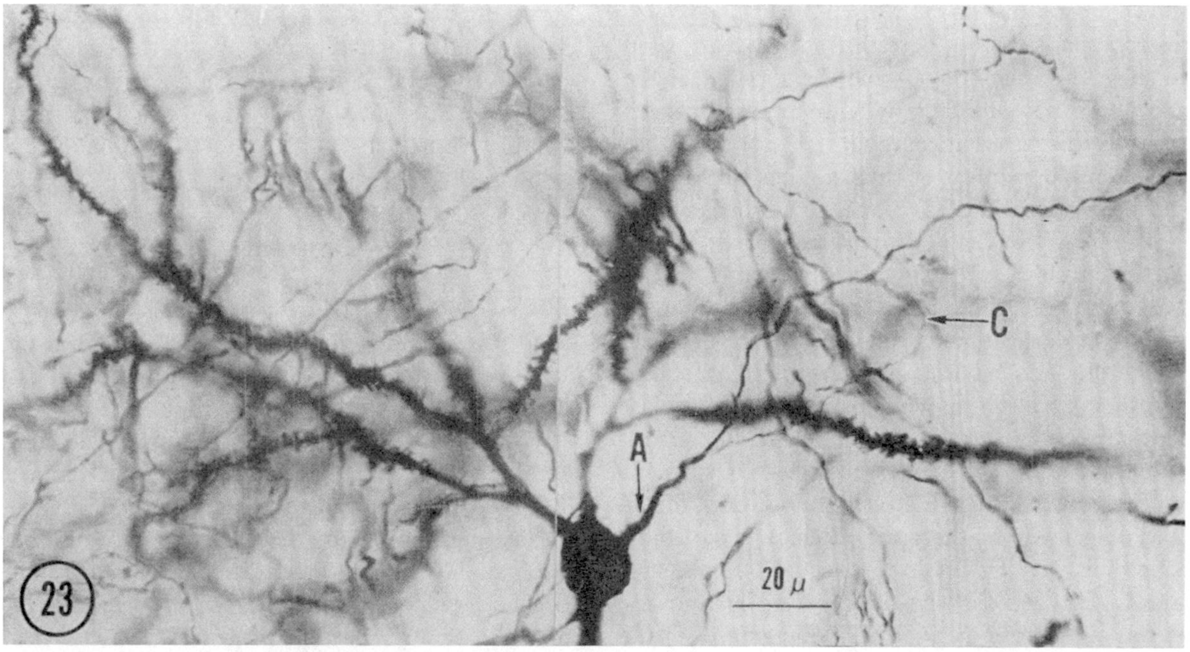
C
A
20 μ
23

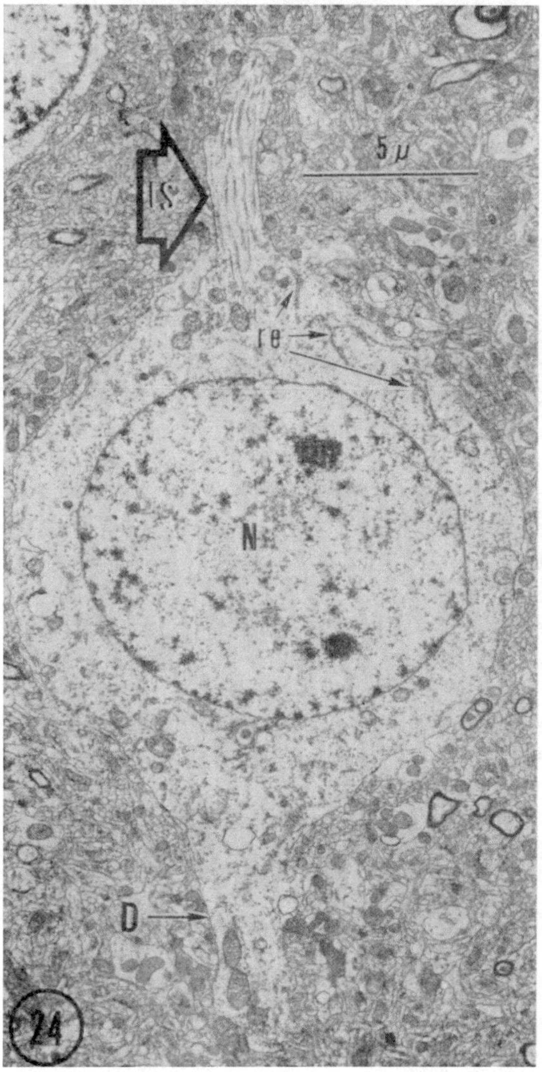
IS
5 μ
re
N
D
24

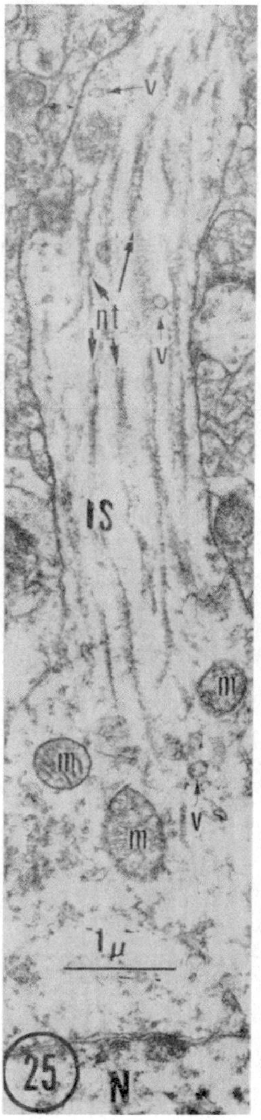
v
nt
v
IS
m
m
m
v
1 μ
25
N

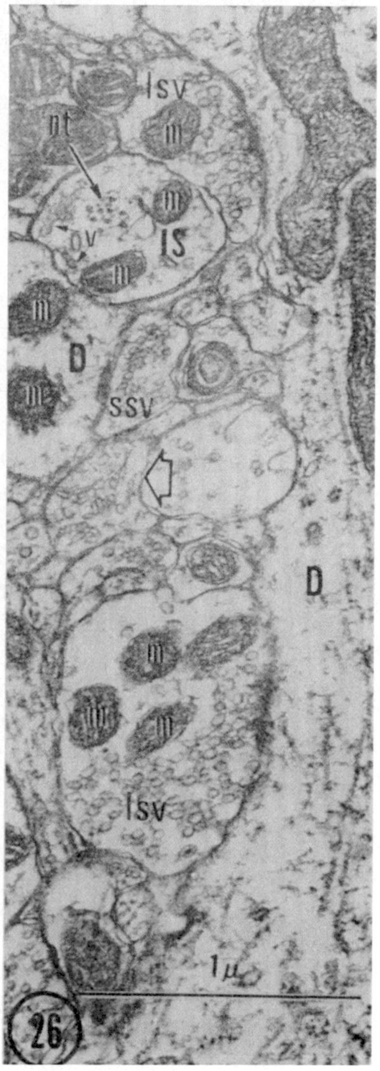
lsv
nt
m
m
ov
IS
m
m
D'
m
ssv
D
m
m
m
m
lsv
1 μ
26

shown again in the 53 x oil immersion photomicrograph (Fig. 23). Here the focus was adjusted to show the collateral (C) and the segment of the axon that shows beading in figure 5 is not in sharp focus in this photomicrograph.

The initial segment of the axon has the various characteristics that have been described by investigators (KOHNO, 1964; PALAY et al., 1968; PETERS et al., 1968; JONES and POWELL, 1969a; WESTRUM, 1970) in other neurons: free ribosomes, a layer of dense material undercoating the plasma membrane and fascicles of neurotubules fastened together by electron-dense bands. It is this last feature, i.e. the banding together of the neurotubules (nt, Figs. 25 and 27) that is so conspicuous and responsible for the streaky appearance of the initial segment of the axon when it is sectioned longitudinally. In the low power electron micrograph (Fig. 24) showing a dendrite (D) and the initial segment of an axon (IS) emerging from the opposite sides of a cell body, the difference between these two processes is apparent at a glance. The same axon (IS) is reproduced at a higher magnification in the adjacent electron micrograph (Fig. 25). This special arrangement of the neurotubules also makes it easy to recognize cross-sectioned profiles of the initial segment of the axon. Notice the grouping of the neurotubules in the cross-sectioned profile (IS, Fig. 26). This cross-section is less than one micron in diameter and must be through the most constricted portion of the initial segment of the axon. The conically extending initial segment of the axon is slightly more than two microns in diameter at the point where it emerges from the cell body (Fig. 23). In the initial segment of the axon there are clusters of vesicles (v, Fig. 26) and isolated vesicles (v, Figs. 25 and 27). Also, there are neurofilaments (nf), ribosomes (r), bits of rough endoplasmic reticulum (re) and a collection of cisternae similar to that which PETERS et al. (1968) referred to as a cisternal organelle (CO, Fig. 27).

The initial segment of the axon is contacted by synaptic endings that form symmetrical synapses and contain large synaptic vesicles (lsv, Fig. 27). Some of these vesicles are elongated and egg-shaped and a few appear to be flattened. These endings should be compared with the ending in the same electron micrograph that contains small synaptic vesicles (ssv) and contacts a pedunculated spine (S, Fig. 27).

Discussion

It is clear that the neurons, which have spiny dendrites in Golgi preparations of the striatum, are the achromatic neurons seen in both Nissl material and in electron micrographs of this same structure. They are the small neurons of the cytoarchitectonists and they are enormous in number. They are easily impregnated by silver chromate and in most instances they are the only neurons impregnated in our preparations. Obviously the Golgi method is not reliable for estimating the quantity of any one type of neuron in a center or for comparing its quantity with that of any other neuron in the same or in a different center. The technique is just too capricious; besides, it is more than possible that one neuron type may have a greater affinity for the silver chromate reaction than another type of neuron, even in the same center. Indeed, it is well known that some centers and some neurons impregnate easier than others. Nevertheless, KEMP (1970) speaking of the cat caudate nucleus says, "of the different cell types recognizable in Golgi impregnated material, one, comprising over 95% of the total, is densely covered with spines . . ." This is certainly a safe estimate, considering the FOIX and NICOLESCO (1925) disclosure that in Nissl preparations of the human putamen the ratio of small cells to large cells is 20 : 1. But even this may be an underestimation, for NAMBA (1957), investigating the cell densities in each of the cytoarchitectonic fields of the human striatum that BROCKHAUS (1942) delimited, found a greater ratio of small cells to large cells than that indicated by FOIX and NICOLESCO (1925). Below are listed some of BROCKHAUS' (1942) cytoarchitectonic striatal fields and the ratios of small cells to large cells in each as deter-

→

Fig. 27. An electron micrograph showing the initial segment of the axon (IS) emerging from a spiny neuron. Note the fasciculation of the neurotubules (nt), the cisternal organelle (CO), the neurofilaments (nf), the ribosomes (r), the vesicles (v) within the initial segment of the axon and the synaptic endings with large synaptic vesicles (lsv) synapsing on this segment of the axon. Compare these endings with the synaptic ending containing small synaptic vesicles (ssv) contacting the pedunculated spine (S). (N) nucleus; (db) dense body; (re) rough endoplasmic reticulum. (Caudate nucleus; squirrel monkey, *Saimiri sciureus*.) × 50,000.

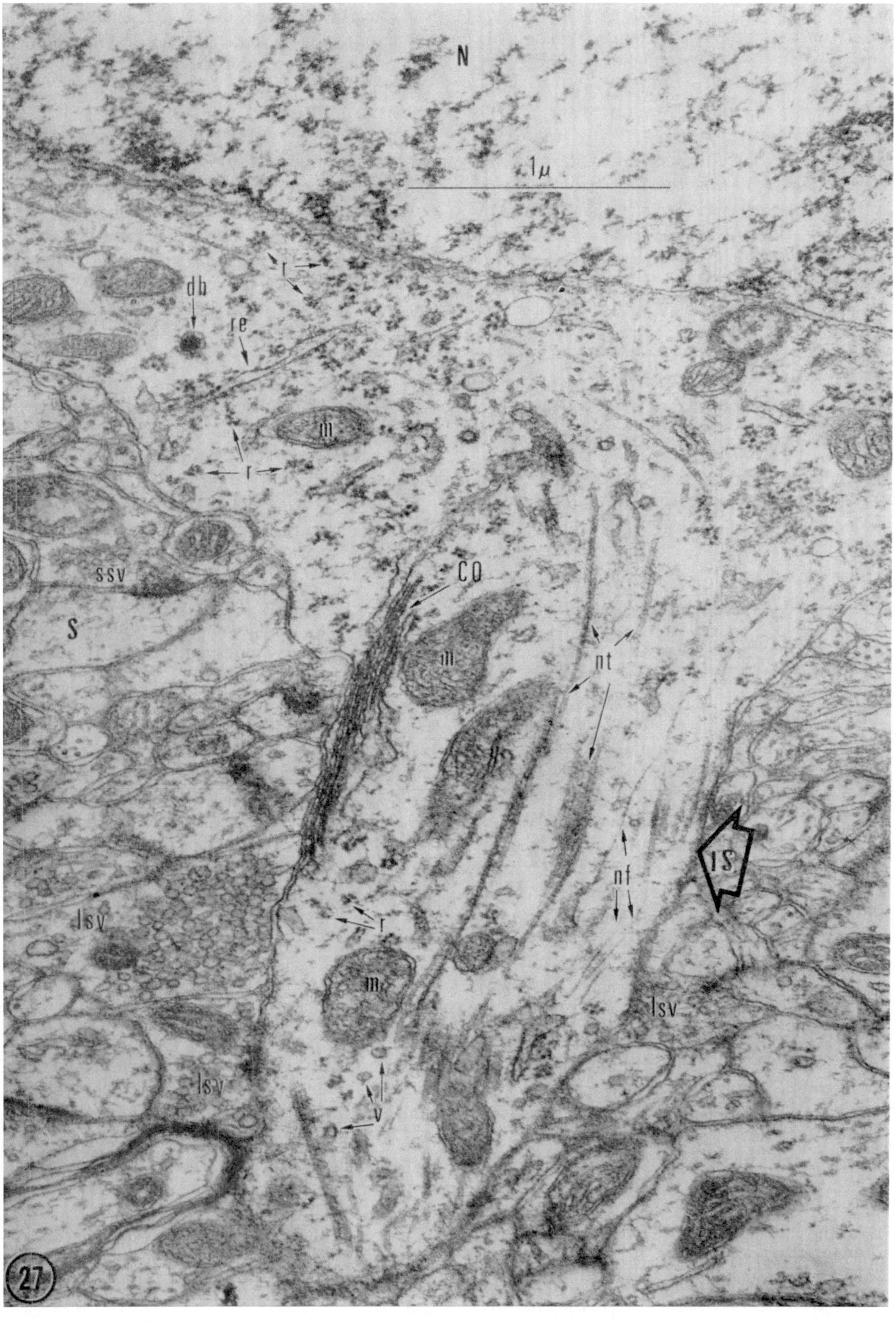
N
1μ
r
db
re
m
r
ssv
CO
S
m
nt
lsv
nf
IS
r
m
lsv
lsv
v
27

mined by NAMBA (1957): Caudatum laterale, 53 : 1; Caudatum mediale, 54 : 1; Putamen mediale, 54 : 1; Putamen laterale, 53 : 1; Fundus caudati, 66 : 1; Fundus putaminis, 65 : 1; Fundus subventricularis lateralis, 75 : 1; Fundus subventricularis medialis, 125 : 1; Putamen limitans, 77 : 1. In general NAMBA (1957) found a decrease in the small cell density as one goes from the inferior to the superior sectors of the striatum. Even if quantitative data for the density of the small cells in the striatum were not available in the literature, the evidence supplied by the electron microscopic observations reported here makes it perfectly clear that the spiny neurons are the dominant neurons in the striatum. Spines in apposition with dendrites, dendrites in apposition with dendrites, and cell bodies in apposition with cell bodies are certainly indicative of the dense packing of the spiny neurons and the enormousness of their numbers. It should be mentioned, too, that ADINOLFI and PAPPAS (1968) observed the apposition of the small nerve cell bodies in electron micrographs of the cat caudate nucleus.

There are very few axosomatic synapses on the spiny neurons. Most synapses are on dendritic spines. It follows then that, since the closely packed spiny neurons outnumber the aspiny neurons significantly, the dendritic spines provide, overwhelmingly, most of the striatum's receptive surface. Also it is clear from observing Golgi preparations that the beaded afferent fibers "cross-over" the spiny dendritic branches obliquely, forming the type of synapse that RAMÓN Y CAJAL (1954) classified as "cruciform axo-dendritic connections of great length." He illustrated this synaptic pattern by using the Purkinje cell spiny branchlets' synapses with the parallel fibers and FOX and BARNARD (1957) and FOX et al. (1967) stressed that this synaptic arrangement presents the optimal configuration for convergence and divergence, for it permits a single neuron to be contacted by a number of different fibers and each of these fibers to contact a number of different neurons. There may be another significance to this synaptic pattern as will be seen below.

It is now well known from experimental investigations that projection fibers from the thalamus (POWELL and COWAN, 1956; MEHLER, 1965) and projection fibers from widespread areas of the cerebral cortex (CARMAN et al., 1963; WEBSTER, 1961 and 1965) terminate in the caudate nucleus and the putamen. In an electron microscopic study of the termination of afferent fibers in the cat caudate nucleus, KEMP (1968a) found degenerated axosomatic, axodendritic and axospinous endings after interruption of the corticostriate connections, and degenerated axodendritic and axospinous endings after interruption of the thalamostriate connections. In similar on-going experiments in our laboratory, we have found degenerated endings only on dendritic spines in electron micrographs of the squirrel monkey (*Saimiri sciureus*) caudate nucleus and putamen following lesions placed in, but destroying more than, the centromedian nucleus and following extensive removal of the cerebral cortex. This work is still incomplete but, nevertheless, we are inclined to believe that the cortical and thalamic afferents to the striatum terminate predominantly, if not exclusively, on the spiny neurons which appear to us to be short axon neurons. More recently KEMP (1970) has demonstrated the convergence of fibers from the cerebral cortex and the thalamus on the dendritic spines in experimental Golgi material. But, as will be seen below, some background information is necessary to understand her results.

It has been shown that the dendritic spines on pyramidal cells in the visual cortex undergo change in young animals raised in darkness from birth. These transneuronal changes have been interpreted differently by different investigators. Thus, VALVERDE (1967) reported a decrease in the number of spines on the portion of the apical dendritic shaft traversing layer 4, while GLOBUS and SCHEIBEL (1967) reported detectable structural changes in the dendritic spines. KEMP (1970), disclosing a similar phenomenon in the cat caudate nucleus, found a decrease in the number of spines following cortical lesions and following thalamic lesions. The spine loss was greater after combined cortical and thalamic lesions indicating that cortical and thalamic afferents converge on the same spiny neurons.

The dendritic spines of the spiny neurons in the striatum have the same morphological characteristics and variations that have been described in the dendritic spines of the neocortex. Our present findings are comparable to those of JONES and POWELL (1969b), who made a special study of the dendritic spines of the neocortex. The dendritic spines in the caudate nucleus and in the putamen even have a spine apparatus. This last point is of some interest. The spine apparatus was first seen in the visual area by GRAY (1959) and all subsequent investigators who have studied the dendritic spines in various cortical areas have found this structure. GRAY (1961) did not find a spine apparatus in the dendritic spines of rat Purkinje cells. FOX et al. (1964) occasionally found paired sac-like profiles in the spines of the monkey Purkinje cell spiny branchlets which they considered might represent some distant variant of GRAY'S spine apparatus, but it was their opinion then that a true spine apparatus occurred only in the cerebral cortex. Now the spine apparatus has been seen in the cat caudate nucleus by ADINOLFI and PAPPAS (1968) and by KEMP (1968a) and in the putamen and caudate nucleus of monkeys in the present investigation. Perhaps it is now safe to regard the spine apparatus as a telencephalic organelle rather than an organelle confined to the cerebral cortex.

The significance of the spines is unknown. RAMÓN Y CAJAL discovered the peridendritic spines in 1891 and correctly diagnosed them as dendritic appendages (RAMÓN Y CAJAL, 1909), but until GRAY (1959) demonstrated the correctness of this, unequivocally, with electron micrographs, this view was not universally accepted. The spines have been considered artifacts of the Golgi method (KÖLLIKER, 1896) and end feet on dendrites (HELD, 1897; BODIAN, 1940). Since GRAY'S (1959) paper the spines are now seen with increasing frequency in electron microscopic studies and the literature and speculation on them has grown accordingly. For a concise, comprehensive survey of this literature, and an assessment of the status of our knowledge regarding these enigmatic structures, the report of a workshop (SCHEIBEL and SCHEIBEL, 1968) devoted exclusively to the dendritic spines is certainly to be recommened.

Recently, LLINÁS and HILLMAN (1969) measured the stems (pedicles) of spines on Purkinje cells of the alligator and pigeon. From these measurements and other electrophysiological data available in the literature, they concluded that the spines have a very high longitudinal resistance and suggested that the synaptic arrangement presented by the spines is a "current injection" mechanism.

The latest hypotheses on the function of dendritic spines, that of DIAMOND, GRAY and YASARGIL, first announced in an abstract (DIAMOND et al., 1969) and elaborated later (DIAMOND et al., 1970), and that of PALAY and PALAY (1970), assign to the spine or thorn an isolating and an attenuating affect in synaptic activity.

The proposition of DIAMOND et al. (1970) is quoted here: "The hypothesis is that the dendritic spine provides a post-synaptic region which is effectively isolated from other synapses in the neurone, in such a way that the immediate and the long-term effects of a pre-synaptic activity at the spine occur with little or no interference from synaptic activity generated elsewhere in the cell. The activity generated in the spine, when transmitted to the parent dendrite, though attenuated, can summate there with other responses and so contribute to dendritic integration."

And the proposition of PALAY and PALAY (1970) is quoted here: "The hypothesis is developed that the dendritic thorn is a device for isolating the subsynaptic membrane from electrical events in the rest of the dendrite at the cost of reducing the effectiveness of the synapse."

The above brief quotations hardly do justice to these stimulating papers; for the data, physiological and anatomical, buttressing these conjectures, we can only refer the reader to the original papers. The comments of RALL (1970) both on the spines and on the hypothesis of DIAMOND et al. (1970) should also be noted.

We have already mentioned that RAMÓN y CAJAL (1909) regarded the dendritic spines as devices for increasing the synaptic surface, but PALAY and PALAY (1970) point out that the opposite is true, for the so-called 'active zones' form a rather small proportion of the junctional interface. The present observations in the striatum clearly show that the so-called 'active zone' constitutes only a small part of the spine's surface. PALAY and PALAY (1970) observe that: "Synapses on thorns seem to be ideally designed for a system that involves vast numbers of similar convergent fibers, whose excitation evokes a fluctuating background of depolarization in the postsynaptic cell. In such a system the individual fibers can be expected to count for very little." The example used is that of the Purkinje dendrite-parallel fiber synapses which has a cruciform axo-dendritic pattern. No better model could have been chosen. FOX and BARNARD (1957) estimated that on the spiny branchlets of the monkey (*Macacca mulatta*) Purkinje cell there are 60,000 spines. In part, this figure was based on an estimate of 15 spines per 10 micron length of spiny branchlet, a figure cautiously derived from counts on thick Golgi sections under oil immersion. Subsequently, after studying the Purkinje cell spiny branchlets of the cat and monkey (FOX et al., 1964), and of monkey and man (FOX et al., 1967), in electron micrographs, the inadequacy of this estimate became apparent. It was realized that this figure could easily be doubled and now with more recent data supplied by SZENTÁGOTHAI (see particularly the discussion, pp. 49—53 in ECCLES, ITO and SZENTÁGOTHAI, 1967), the original estimate might possibly be tripled.

As already mentioned the synaptic pattern on the spiny branches of the small neurons in the striatum is also cruciform axo-dendritic. This is not to imply that the quantity of fibers converging on the spines of a spiny neuron in the striatum is equivalent to that converging on the spiny branchlets of a Purkinje cell. Simple inspection reveals that there are many more spiny branchlets on Purkinje cells. Furthermore, these neurons, like the granule cells in the fascia dentata, which also have spine bearing dendrites, have their cell bodies confined to one location and their dendrites orientated in a single direction away from the cell body. The arrangement in the striatum, lacking lamination, is uniquely different. Here the small cells, densely packed, are distributed throughout the caudate nucleus and the putamen and their dendrites radiate in all directions. The only other comparable center is the amygdala. Considering the greater ratios of small cells to large cells given by NAMBA (1957) or even the lesser figure given by FOIX and NICOLESCO (1925), their numbers must be enormous. In a limited sense, as far as neuronal elements are concerned, the caudate nucleus and the putamen might be regarded as large packages of small neurons with spiny branchlets.

Mindful of the cortical projections to the intralaminar thalamic nuclei demonstrated by PETRAS (1965): area 6 to paracentralis and parafascicularis; area 4 to centralis lateralis and centrum medianum (massive); areas 3-1-2 to centralis lateralis and centrum medianum; mindful, too, that the putamen receives fibers from the centrum medianum (MEHLER, 1966) and possibly the parafascicularis (PETRAS, 1965), and that the caudate nucleus receives fibers from the centrum medianum (MEHLER, 1966) and possibly centralis lateralis and paracentralis (PETRAS, 1965); considering, also, that widespread areas of the cerebral cortex project on the caudate nucleus and the putamen (CARMAN et al., 1963; WEBSTER, 1961 and 1965), we like to imagine, in the normal state, the cerebral cortex orchestrating, directly and indirectly, the discharge of the spiny neurons by playing on the myriad spines in the striatum. Incidentally, it is interesting to note that chorea, the hyperkinetic-dystonic syndrome, has been attributed to injury of these small neurons (JACOB, 1925).

No doubt a dendritic spine is a specialization with subtleties of function still unsurmized. Whether present hypotheses are clear directional-signs leading to their disclosure is not certain. But one thing is certain: our knowledge of the striatum will never transcend our knowledge of the spines.

There are two types of synaptic endings in the monkey striatum: (1) endings with small synaptic vesicles and (2) endings with large synaptic vesicles. The vesicles in the latter endings are more polymorphic and some of them are elongated and egg-shaped. This agrees with the observation of KEMP (1968a). MORI (1966) distinguished in the striatum endings with: (1) dark small synaptic vesicles; (2) light small synaptic vesicles; (3) dark large synaptic vesicles; (4) light large synaptic vesicles. In the present study we have been unable to make this distinction. The synaptic endings also contain mitochondria, dense core vesicles and the complex vesicles (discovered by GRAY, 1961) and they display dense projections. The latter were also discovered by by GRAY (1963), who disclosed that they are arranged in a hexagonal pattern on the presynaptic membrane in the region of the 'active zone'. The dense projections and the active synaptic region have been and are being intensively investigated by various investigators using a variety of electron microscopic stains. A few key papers (AGHAJANIAN et al., 1967; PFENNINGER et al., 1969; AKERT und SANDRI, 1970; GRAY and WILLIS, 1970) are listed here to direct the reader to this expanding literature. Incidentally, dense projections are prominent on the presynaptic membranes in the substantia nigra (SCHWYN and FOX, 1969) and in the globus pallidus (unpublished observation).

So far we have found on the spiny neurons the following distribution of synaptic endings: (1) endings with small synaptic vesicles on the dendritic spines and on the dendrites; (2) endings with large synaptic vesicles on the dendrites, the cell bodies and the initial segment of the axons. Recently in our laboratory, Dr. José RAFOLS (personal communication), who is making a special study of synaptic endings on nerve cell bodies in the striatum, has found in the cell bodies of spiny neurons a single cisterna immediately subjacent to that part of the cell membrane where the endings with large synaptic vesicles terminate. This cisterna always occurs in this position and must have some significance. At times we have observed endings with small synaptic vesicles which seemed to be terminating on the soma of spiny neurons but closer inspection reveals that they actually terminate on nearby dendritic spines. Such an ending can be seen in one of the figures of the caudate nucleus in the paper by ADINOLFI and PAPPAS (Fig. 5, 1968).

It is not surprising to find synaptic endings on the initial segments of striatal spiny neuron axons; they also occur on the initial segments of axons of neocortical (PALAY et al., 1968; PETERS et al., 1968; JONES and POWELL, 1969a) and of prepyriform cortex pyramidal neurons (WESTRUM, 1970). The latter author also found, both in Golgi and in electron microscopic preparations, spines on the initial segment of the axon and demonstrated that these spines are sites of synaptic contacts. The occurrence of synaptic endings on the axon's initial segment is not singularly telencephalic. It is well known that some basket cell endings terminate on the Purkinje cell axon's initial segment. An excellent example of this can be seen in MUGNAINI'S paper (Fig. 14A, 1970). The same author also showed passing parallel fibers synapsing with the initial segment of a basket cell axon (Fig. 14B; MUGNAINI, 1970). Thus, synaptic endings demonstrated to be inhibitory (basket cell axons; ECCLES et al., 1967) and demonstrated to be excitatory (parallel fibers; ECCLES et al., 1967) can be found on the initial segments of axons. JONES and POWELL (1969a) report that the axon terminals on the initial segments of the axons they studied in the neocortex always contain a high proportion of small flattened or pleomorphic synaptic vesicles and make symmetrical synaptic contacts. WESTRUM (1970) reports that the axon terminals he studied in this same location in the prepyriform cortex, predominately contain flattened vesicles. The inference is, from these morphological features, that these synapses may be inhibitory. The endings we have found on the initial axonic segments, as we have already mentioned, contain large synaptic vesicles, and some of these vesicles are elongated and egg-shaped.

The initial segment of the spiny neuron's axon has all the morphological features seen by previous investigators (KOHNO, 1964; PALAY et al., 1968; PETERS et al., 1968; JONES and POWELL, 1969a; WESTRUM, 1970). They also contain a cisternal organelle such as described by PETERS et al. (1968), JONES and POWELL (1969a), and WESTRUM (1970) in neurons of the cerebral cortex. For the time being, at least, the cisternal organelle in the initial segment of the axon might be regarded as a feature of telencephalic neurons.

The spiny neurons obviously are short-axon neurons, i.e. Golgi type II neurons. This conclusion is the result of observing the axons of these neurons in a large number of Golgi preparations. What we have seen corresponds to that shown by DÉJÉRINE (1901) and PILLERI (1962). RAMÓN Y CAJAL (1911) showed Golgi preparations of spiny neurons which he interpreted as being long-axon neurons and other spiny neurons which he regarded as short-axon neurons. But it should be noted that his material is from the human infant, the rabbit of a few days, and the new-born mouse. Our material is from the adult monkey. This will be discussed further when the aspiny neurons of the striatum are considered (FOX et al., in press).

Summary

1. The neurons with spiny dendrites in the striatum (i.e. caudate nucleus and putamen) have been studied in Golgi preparations of the monkey (*Macaca mulatta*) and in electron microscopic preparations of the monkeys (*Macaca mulatta*) and (*Saimiri sciureus*).

2. The spiny neurons are small, achromatic neurons. They are closely packed together in the striatum and they are enornous in number.

3. The dendrites of the spiny neurons radiate in all directions and the pattern of their branching is remarkably similar from neuron to neuron. They emerge from the soma as spine-free trunks, which give rise to several or more branches. Initially these branches are spine-free for a short segment and then they are covered with spines. Occasionally the spine covered branches give rise to another branch but they do not taper.

4. Fine beaded afferent fibers form 'cruciform axodendritic' synapses with the dendritic spines. The spines are mostly pedunculated; a few are sessile. Ultrastructurally they are similar to the spines in the cerebral cortex. They contain a spine apparatus.

5. Current hypotheses on dendritic spine function are briefly reviewed.

6. There are two types of synaptic endings in the striatum: (1) endings with small synaptic vesicles; (2) endings with large synaptic vesicles. Some of the latter vesicles are elongated and egg-shaped.

7. In this study the following distribution of synaptic endings on the spiny neurons has been found: (1) endings with small synaptic vesicles on the dendritic spines and on the dendrites; (2) endings with large synaptic vesicles on the dendrites, on the soma and on the initial segment of the axon.

8. Ultrastructurally, the initial axonic segments of the spiny neurons are like those described in neurons of the cerebral cortex. They contain a cisternal organelle.

9. The spiny neurons are short-axon, i.e. Golgi II, neurons.

Acknowledgement

The authors are grateful to Mrs. CLEMENT A. FOX for her invaluable aid in the preparation of this manuscript.

Abbreviations

A	axon
AF	afferent fibers
AFB	afferent fiber bundle
AP	afferent plexus
AS	astrocyte or astrocytic process
az	'active zone'
C	collateral
CO	cisternal organelle
D	dendrite
db	dense body
dp	dense projection
dt	dendritic tubules
IS	initial segment of the axon
lsv	large synaptic vesicles
m	mitochondria
N	nucleus
nf	neurofilaments
nt	neurotubules
pS	pedunculated spine
r	ribosomes
re	rough endoplasmic reticulum
S	spine
S_1 to S_5	numbered spines
sap	spine apparatus
spv	'spiked' or complex vesicle
sS	sessile spine
ssv	small synaptic vesicles
v	vesicle
X	dense core vesicles

Literature

ADINOLFI, A. M., and G. D. PAPPAS: The fine structure of the caudate nucleus of the cat. J. Comp. Neur. **133**, 167—184 (1968).

AGHAJANIAN, G. K., and F. E. BLOOM: The formation of synaptic junctions in developing rat brain: a quantitative electron microscopic study. Brain Research **6**, 716—727 (1967).

AKERT, K., and C. SANDRI: Identification of the active synaptic region by means of histochemical and freeze-etching techniques. In: Excitatory Synaptic Mechanisms. P. ANDERSEN and J. K. S. JANSEN, eds. Universitetsforlaget, Oslo. pp. 27—41 (1970).

ANDRES, K. H.: Mikropinozytose im Zentralnervensystem. Z. Zellforsch. **64**, 63—73 (1964).

BODIAN, D.: Further notes on the vertebrate synapse. J. Comp. Neur. **73**, 323—343 (1940).

BROCKHAUS, H.: Zur feineren Anatomie des Septem und des Striatum. J. Psychol. Neurol. (Lpz.) **51**, 1—56 (1942).

CARMAN, J. B., W. M. COWAN and T. P. S. POWELL: The organization of the cortico-striate connections in the rabbit. Brain **88**, 525—562 (1963).

COLONNIER, M.: Synaptic patterns of different cell types in the different laminae of the cat visual cortex. An electron microscope study. Brain Research **9**, 268—287 (1968).

CROSBY, E. C., T. H. HUMPHREY and E. W. LAUER: Correlative Anatomy of the Nervous System. Macmillan, New York (1962).

DEJERINE, J.: Anatomie des centres nerveux. Tome 2. Reuff, Paris (1901).

DIAMOND, J., E. G. GRAY and G. M. YASARGIL: The function of dendritic spines: an hypothesis. J. Physiol. **202**, 116P (1969).

DIAMOND, J., E. G. GRAY and G. M. YASARGIL: The function of the dendritic spine: an hypothesis. In: Excitatory Synaptic Mechanisms. P. Andersen and J. K. S. Jansen, eds. Universitetsforlaget, Oslo. pp. 213—222 (1970).

ECCLES, J. C., M. ITO and J. SZENTÁGOTHAI: The Cerebellum as a Neuronal Machine. Springer. Berlin-Heidelberg-New York (1967).

FOIX, C., and J. NICOLESCO: Les noyaux gris centraux et la region mesencephalo-sous-optique. Masson, Paris (1925).

FOX, C. A., A. ANDRADE, R. C. SCHWYN and T. A. RAFOLS: The aspiny neurons and the glia in the primate neostriatum: A Golgi and electron microscopic study. Journal für Hirnforschung (in press).

FOX, C. A., and J. W. BARNARD: A quantitative study of the Purkinje cell dendritic branchlets and their relationship to afferent fibers. J. Anat. (Lond.) **91**, 299—313 (1957).

FOX, C. A., D. E. HILLMAN, K. A. SIEGESMUND and C. R. DUTTA: The primate cerebellar cortex: A Golgi and electron microscopic study. In: The Cerebellum. Progress in Brain Research. C. A. FOX and R. S. SNIDER, eds. Elsevier, Amsterdam-London-New York. **25**, 174—225 (1967).

FOX, C. A., K. A. SIEGESMUND and C. R. DUTTA: The Purkinje cell dendritic branchlets and their relation with the parallel fibers: Light and electron microscopic observations. In: Morphological and Biochemical Correlates of Neural Activity. M. M. Cohen and R. S. Snider, eds. New York, Harper and Row. pp. 112—141 (1964).

FOX, C. A., M. UBEDA-PURKISS, H. D. IHRIG and D. BIAGIOLI: Zinc chromate modification of the Golgi technique. Stain Tech. **26**, 109—114 (1951).

GLOBUS, A., and A. B. SCHEIBEL: The effect of visual deprivation on cortical structure—the rabbit. J. Comp. Neurol. **19**, 331—345 (1967).

GRAY, E. G.: Axo-somatic and axo-dendritic synapses of the cerebral cortex: An electron microscopic study. J. Anat. (Lond.) **93**, 420—433 (1959).

GRAY, E. G.: The granule cells, mossy synapses and Purkinje spine synapses of the cerebellum: light and electron microscope observations. J. Anat. (Lond.) **95**, 345—356 (1961).

GRAY, E. G.: Electron microscopy of presynaptic organelles of the spinal cord. J. Anat. (Lond.) **97**, 101—106 (1963).

GRAY, E. G., and R. A. WILLIS: On synaptic vesicles, complex vesicles and dense projections. Brain Research **24**, 149—168 (1970).

HELD, H.: Beiträge zur Structur der Nervenzellen und ihrer Fortsätze. Arch. Anat. Physiol., Lpz. **21**, 204—294 (1897).

JACOB, A.: The anatomy, clinical syndromes and physiology of the extrapyramidal system. Arch. Neurol. Psychiat. (Chic.) **13**, 596—620 (1925).

JONES, E. G., and T. P. S. POWELL: Synapses on the axon hillocks and initial segments of pyramidal cell axons in the cerebral cortex. J. Cell Sci. **5**, 495–507 (1969a).

JONES, E. G., and T. P. S. POWELL: Morphological variations in the dendritic spines of the neocortex. J. Cell Sci. **5**, 509–529 (1969b).

KEMP, J. M.: An electron microscopic study of the termination of afferent fibres in the caudate nucleus. Brain Research **11**, 464–467 (1968a).

KEMP, J. M.: Observations on the caudate nucleus of the cat impregnated with the Golgi method. Brain Research **11**, 467–470 (1968b).

KEMP, J. M.: The site of termination of afferent fibres on the neurones of the caudate nucleus. J. Physiol. **210**, 17–18P (1970).

KOHNO, K.: Neurotubules contained within the dendrite and axon of Purkinje cell of frog. Bull. Tokyo Med. Dental Univ. **11**, 411–442 (1964).

KÖLLIKER, A. v.: Handbuch der Gewebelehre des Menschen. Bd. 2, Aufl. 6, Engelmann, Leipzig (1896).

LLINÁS, R., and D. E. HILLMAN: Physiological and morphological organization of the cerebellar circuits in various vertebrates. In: Neurobiology of Cerebellar Evolution and Development. R. Llinás, ed. American Medical Association, Chicago. pp. 43–73 (1969).

LOOS, H. VAN DER: Fine structure of synapses in the cerebral cortex. Z. Zellforsch. **60**, 815–825 (1963).

MARCHI, V.: Sulla fine struttura dei corpi striati e dei talamic ottici. Riv. sperimentale di Freniatria, Reggio-Emilia **12**, 285–306, 6 tavole (1887).

MEHLER, W. R.: Further notes on the center median nucleus of Luys. In: The Thalamus. D. P. PURPURA and M. D. YAHR, eds. Columbia University Press, New York. pp. 109–127 (1966).

MORI, S.: Some observations on the fine structure of the corpus striatum of the rat brain. Z. Zellforsch. **70**, 461–488 (1966).

MUGNAINI, E.: Neurones as synaptic targets. In: Excitatory Synaptic Mechanisms. P. ANDERSEN and J. K. S. JANSEN, eds. Universitetsforlaget, Oslo. pp. 149–169 (1970).

NAMBA, M. v.: Cytoarchitektonische Untersuchungen am Striatum. Journal für Hirnforschung **3**, 24–48 (1957).

PALAY, V. C., and S. L. PALAY: Interrelations of basket cell axons and climbing fibers in the cerebellar cortex of the rat. Z. Anat. Entwickl.-Gesch. **132**, 191–227 (1970).

PALAY, S. L., C. SOTELO, A. PETERS and P. M. ORKAND: The axon hillock and the initial segment. J. Cell Biol. **38**, 193–201 (1968).

PETERS, A., C. C. PROSKAUER and I. R. KAISERMAN-ABRAMOF: The small pyramidal neuron of the rat cerebral cortex. The axon hillock and the initial segment. J. Cell Biol. **39**, 604–619 (1968).

PETRAS, J. M.: Fiber degeneration in the basal ganglia and diencephalon following lesions in the precentral and postcentral cortex of the monkey (Macaca mulatta); with additional observations in the chimpanzee. VIII Intern. Congr. Anat. Wiesbaden (abstract) **95** (1965).

PFENNINGER, K., C. SANDRI, K. AKERT and C. H. EUGESTER: Contribution to the problem of structural organization of the presynaptic area. Brain Research **12**, 10–18 (1969).

PILLERI, G. VON: Zur feineren Struktur und vergleichenden Anatomie des Corpus Striatum primitiver Beutel- und Nagetiere. Acta anat. **48**, 347–367 (1962).

POWELL, T. P. S., and W. M. COWAN: A study of thalamostriate relations in the monkey. Brain **79**, 364–390 (1956).

RAFOLS, J. A.: (Personal communication).

RALL, W.: Cable properties of dendrites and effects of synaptic location. In: Excitatory Synaptic Mechanisms. P. ANDERSEN and J. K. S. JANSEN, eds. Universitetsforlaget, Oslo. pp. 175–187 (1970).

RAMÓN Y CAJAL, S.: Sur la structure de l'ecorce cérébrale de quelques mammifères. Cellule, 7, 123–176 (1891). (Cited by S. Ramón y Cajal, 1909.)

RAMÓN Y CAJAL, S.: Histologie du système nerveux de l'homme et des vertébrés. Trans. by L. Azoulay. Vol. I, Maloine, Paris (1909).

RAMÓN Y CAJAL, S.: Histologie du système nerveux de l'homme et des vertébrés. Trans. by L. Azoulay. Vol. II, Maloine, Paris (1911).

RAMÓN Y CAJAL, S.: Neuron Theory or Reticular Theory? Objective Evidence of the Anatomical Unity of Nerve Cells. Trans. by M. UBEDA-PURKISS and C. A. FOX. Madrid, Consejo Superior de Investigaciones Cientificas, Instituto RAMÓN Y CAJAL. (1954).

SCHEIBEL, M. E., and A. B. SCHEIBEL: On the nature of dendritic spines — Report of a workshop. Communications in Behavioral Biology, I (Part A), Academic Press Inc., U.S.A. pp. 231–265 (1968).

SCHWYN, R. C., and C. A. FOX: A Golgi and electron microscopic study of the substantia nigra in Macaca mulatta and Saimiri sciureus. Anat. Rec. **163**, 342 (1969).

VALVERDE, F.: Apical dendritic spines of the visual cortex and light deprivation in the mouse. Exp. Brain Res. **3**, 337–352 (1967).

WEBSTER, K. E.: Cortico-striate interrelations in the albino rat. J. Anat. (Lond.) **95**, 532–544 (1961).

WEBSTER, K. E.: The cortico striatal projection in the cat. J. Anat. (Lond.) **99**, 329–338 (1965).

WESTRUM, Z. E.: Observations on initial segments of axons in the prepyriform cortex of the rat. J. Comp. Neur. **139**, 337–356 (1970).

The authors' addresses:

Prof. Dr. CLEMENT A. FOX
Department of Anatomy
Wayne State University School of Medicine
Detroit, Michigan 48201, U.S.A.

Dr. ANDYR N. ANDRADE
Faculdade de Medicina da
Universidade Federal de Bahia
Salvador, Bahia, Brazil

Dr. DEAN E. HILLMAN
Department of Physiology and Biophysics
University of Iowa
Iowa City, Iowa 52240, U.S.A.

Dr. ROBERT C. SCHWYN
Department of Anatomy
Wayne State University School of Medicine
Detroit, Michigan 48201, U.S.A.

Department of Anatomy University of Saskatchewan Saskatoon, Canada
(Chairman: Dr. S. Fedoroff)

Projections of the Olfactory Tubercle in the golden Hamster (Mesocricetus auratus)

By

Nathaniel G. Ferrer[1])

With 13 figures

(Submitted February 10, 1971)

Introduction

The olfactory tubercle has been described morphologically in the fish (Schnitzlein, 1966; Schnitzlein and Crosby, 1967), in anurans (Hoffman, 1963; 1966), reptiles (Crosby, 1917; Carey, 1966), and bat (Humphrey, 1936). Crosby et al. (1966) discussed the phylogenetic development of the olfactory tubercle. The development of the human olfactory tubercle was documented by Humphrey (1967) during the first three months of human embryonic development.

Beccari (1910) described a lateral, an intermediate, and a medial zone in the human olfactory tubercle.

Histologically, Ramón y Cajal (1911) and Fox (1940) described three distinct layers in the olfactory tubercle: a superficial plexiform layer, a pyramidal cell layer and a deep polymorphous cell layer.

Experimental studies on the efferent projections of the olfactory bulb have shown some fibers terminating in the lateral and intermediate segments of the olfactory tubercle (White, 1962; Lohman, 1963; Lohman and Lammers, 1963; Powell et al. 1965; and Ferrer, 1967; 1969). Ferrer (1968; 1969) showed fibers projecting into the olfactory tubercle from the anterior olfactory nucleus in hamsters.

In view of these reported findings it was decided that a study of the projections from the olfactory tubercle to other regions be made. In the hamster the olfactory tubercle which occupies a position caudal to the anterior olfactory nucleus on the ventral surface of the telencephalon, lies medial to the lateral olfactory tract.

[1]) This investigation was supported in part by a grant from the Medical Research Council of Canada.

Material and Methods

Thirty adult hamsters each weighing from 115 to 130 gms. were used. After being anesthetized with nembutal intraperitoneally fifteen hamsters were placed in the stereotaxic instrument. Using the coordinates of Smith and Bodemer (1963) an insulated electrode was placed in the lateral or intermediate zones of the olfactory tubercle. A current of 3 ma was introduced in each animal for 3 seconds. In the other 15 hamsters, the approach was made through a subtemporal route, the lesion being placed on the ventral surface of the olfactory tubercle by thermocoagulation. The experimental animals were allowed a survival period of one week. Under nembutal anesthesia each animal was perfused with saline followed by 10% formalin. Each brain was removed and inspected for placement of the lesions. The brains were sectioned in the cryostat at 40 μ. Every section was collected and stained for degenerating axons with the Nauta-Gygax or Fink-Heimer methods. A set of transverse sections stained with thionine from a normal brain was available for the specific localization of areas of distribution of degenerated axons in the experimental brains.

Results

The results to be discussed exclude those experimental animals where the medial forebrain bundle was damaged. Examination of brains where

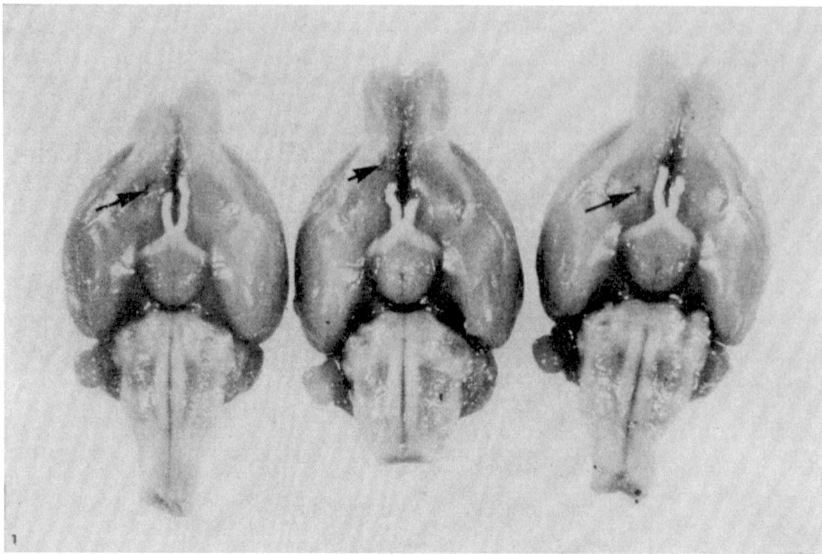

Fig. 1. Arrows point to discrete lesions on the olfactory tubercle.

blood vessels were involved showed degeneration confined to the striatal area.

Following cauterization of the lateral or the intermediate zones of the olfactory tubercle in hamsters, examination of the brain revealed degeneration in the olfactory bulb of the operated side. Degeneration was observed in the internal granular layer and traced into the external glomerular layer (Fig. 2). The olfactory bulb of the contralateral side did not contain any degenerating fibers.

In sections through the anterior olfactory nucleus degenerating fascicles were present in all the segments of this nucleus (Fig. 3) in the operated side. The degenerating fibers observed in the olfactory bulb and in the anterior olfactory nucleus were traced via the lateral olfactory tract.

In sections taken at the level of the area where the lesion was placed, degenerating fascicles were traced into the homolateral and medial septal areas (Fig. 4 and 5). From the olfactory tubercle fascicles of degenerating axons coursed dorsally into the medial forebrain bundle. Another fascicle of degenerated axons were traced dorsolaterally into the prepiriform cortex and the piriform cortex. Fascicles of degenerating axons were terminating in the contralateral olfactory tubercle and mene projected via the anterior commissure (Fig. 6).

Sections homolateral to the lesion and cut caudal to the olfactory tubercle revealed intense degeneration in the preoptic area (Fig. 7). Degenerating fibers also were observed in the lateral habenular nucleus and the dorsomedial nucleus of the thalamus (Figs. 8 and 9) of the operated side. Most of the degenerating fascicles entered these two nuclei by way of the inferior thalamic peduncle. However, the homolateral stria medullaris thalami also contained degenerating fibers projecting into the lateral habenular nucleus (Fig. 9). Degenerating fibers were not observed in the contralateral side. The amygdaloid complex showed degenerating fibers in the nucleus of the lateral olfactory tract, the basolateral (Figs. 11 and 12) and the corticomedial segments in the operated hemisphere. The fibers were coarser in the basolateral segment although the medial part of the basal amygdaloid nucleus showed a mixture of coarse and fine degenerating fibers.

From the medial forebrain bundle, degenerating fibers were traced ventromedially into the lateral hypothalamic area (Fig. 13). No degeneration was observed caudal to the hypothalamus. The hippocampus showed no evidence of degeneration.

Discussion

Ramón y Cajal (1911) described centrifugal fibers to the olfactory bulb, but was uncertain of their origin. Green et al. (1962), Yamamoto et al. (1963) and Phillips et al. (1963) reported picking up potentials from the olfactory bulb in their electrophysiological experiments. However, the origins of these potentials were not identified.

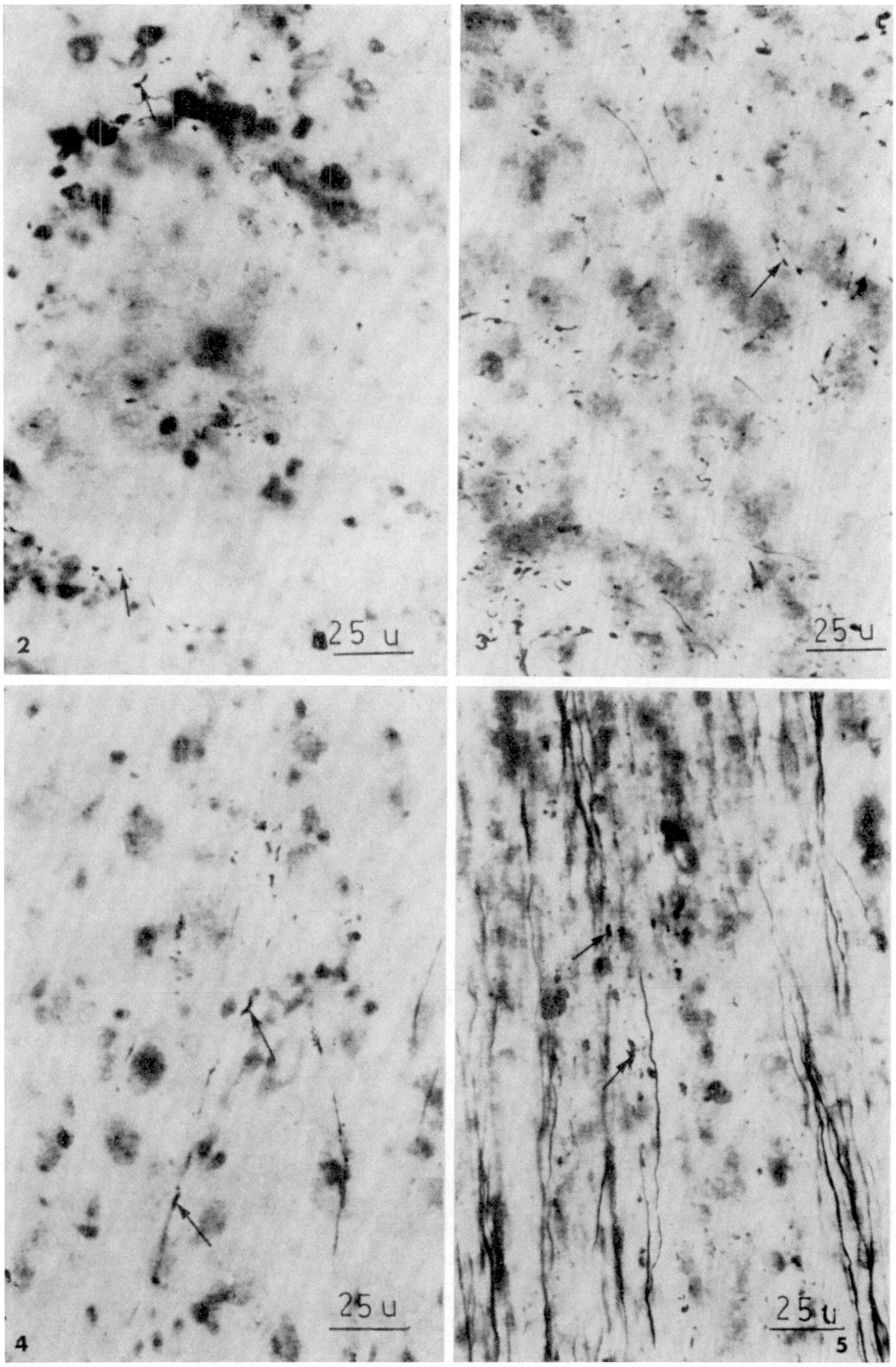

Fig. 2. Degenerating fibers in the external glomerular layer of the olfactory bulb on the operated side. Nauta-Gygax preparation.

Fig. 3. Fibers undergoing degeneration on the prepiriform cortex. Nauta-Gygax method.

Fig. 4. Preterminal degenerating fibers in the lateral septal area. Nauta-Gygax method.

Fig. 5. Degenerating fibers in the medial septal area. Nauta-Gygax method.

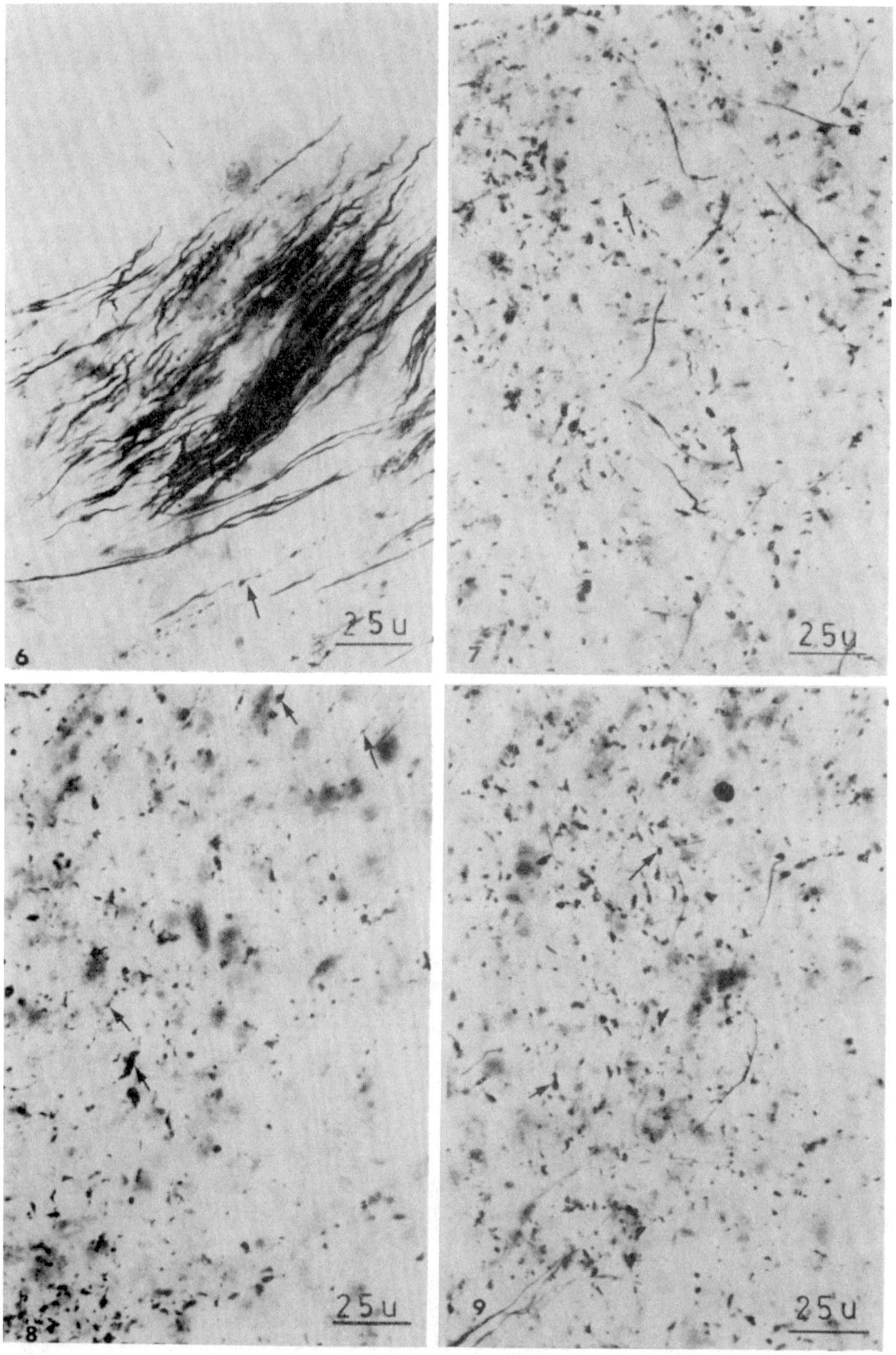

Fig. 6. Fibers undergoing degeneration in the ventral segment of the anterior commissure. Nauta-Gygax preparation.

Fig. 7. Preterminal degeneration in the lateral preoptic area. Nauta-Gygax method.

Fig. 8. The upper right-hand corner (arrows) shows degenerating fibers in the stria medullaris thalami. Degenerating axons in the lateral habenular nucleus occupy the rest of the field. Nauta-Gygax method.

Fig. 9. Axonal degeneration in the dorsomedial nucleus of the thalamus. Nauta-Gygax method.

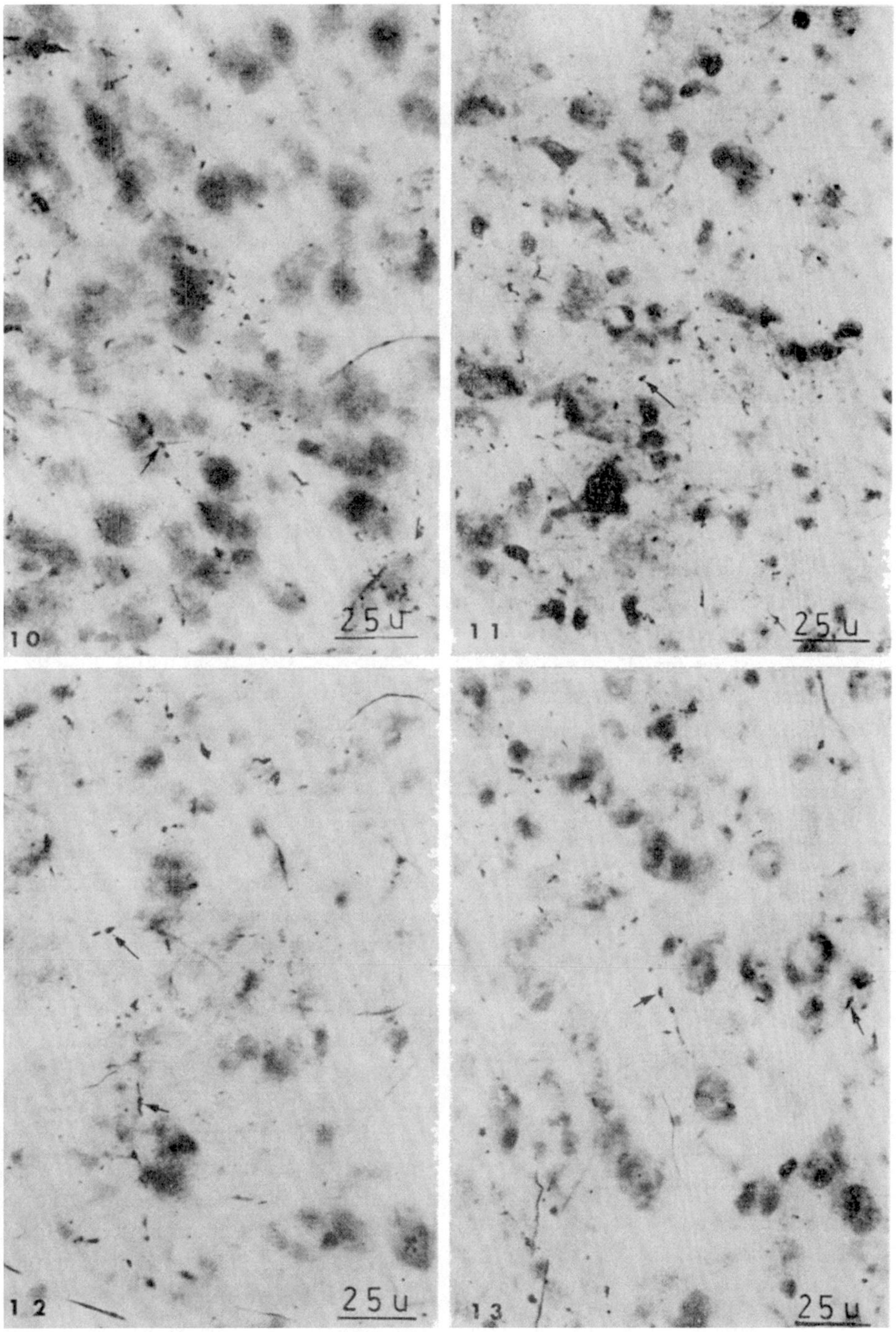

Fig. 10. Fiber degeneration in the nucleus of the lateral olfactory tract. Nauta-Gygax method.

Fig. 11. Degenerating fibers in the lateral segment of the basal amygdaloid nucleus. Nauta-Gygax method.

Fig. 12. Axonal degeneration in the lateral hypothalamic area. Nauta-Gygax method.

Fig. 13. Fibers undergoing degeneration in the lateral amygdaloid nucleus. Nauta-Gygax method.

Young (1941), Morin (1950), Lohman and Lammers (1963), Lohman (1963), Powell et al. (1965) and Ferrer (1967) have reported afferent fibers to the olfactory bulb from the contralateral anterior nucleus via the anterior commissure. Powell and Cowan (1963) reported afferent fibers to the olfactory bulb after placement of a lesion in the ipsilateral lateral olfactory tract. Ferrer (1968; 1969) observed fibers projecting to the homolateral olfactory bulb after discrete lesions were placed in the anterior olfactory nucleus. The present study shows that some of the afferent fibers observed terminating in the olfactory bulb have their cell bodies in the olfactory tubercle. The function of these fibers will have to be studied further.

Fibers from the olfactory tubercle reach the anterior olfactory nucleus. Afferent fibers to the anterior olfactory nucleus previously reported are secondary olfactory fibers coming by way of the lateral olfactory tract (rabbit, Clark and Meyer (1947); monkey, Meyer and Allison (1949); phalanger, Adey (1953); guinea pig, Morin (1950); Lohman and Lammers (1963); Lohman (1963); rodents, White (1962), Powell et al. (1965) and Ferrer (1967)). The presence of degenerating fibers in the anterior olfactory nucleus confirms the findings of Schntizlein (1966) in the Protopterus.

Observations reported herein on the septal area indicate the fibers project to the lateral and medial septal areas from the tuberculum, in agreement with the findings of Crosby et al. (1966) and Valverde (1965) although Valverde limited the projection of the olfactory tubercle to the medial septal area. Schnitzlein (1966) reported that the interconnections were bilateral in the lungfish. This was not verified in this experiment.

In all operated brains, degeneration was observed in the piriform cortex, confirming the findings of Schnitzlein (1966) and Schnitzlein and Crosby (1967) in the lungfish, Hoffman (1963) in anurans, Carey (1966) and Crosby et al. (1966) in reptiles and by Valverde (1965) in cats. However, the present investigation has consistently shown interconnections between the olfactory tuberculum and the prepiriform and periamygdalar cortices which has never been reported in the literature.

Interconnections between the amygdaloid complex and the olfactory tubercle have been reported by Ariens Kappers et al. (1936) through the diagonal band of Broca. This experiment confirms these reported findings.

Efferent fibers from the olfactory tubercle projected to the lateral habenular nucleus and the dorsomedial thalamic nucleus by way of the stria medullaris thalamic and the inferior thalamic peduncle. Ariens Kappers et al. (1936) reported projections into the lateral habenular nucleus from the medial olfactory area, the forerunner of the medial septal area and olfactory tubercle. Others have shown that the dorsomedial nucleus of the thalamus receives projection fibers from several telencephalic areas. Guillery (1959) reported efferent projections to the dorsomedial nucleus from the lateral and medial septal areas, the nucleus of the diagonal band and the nucleus accumbens. Powell et al. (1965) observed projection fibers from the piriform cortex while Ferrer (1968; 1969) showed that the anterior olfactory nucleus projects fibers to the dorsomedial and the lateral habenular nuclei. The observations made in this work strongly suggest that the lateral habenular nucleus and the dorsomedial nucleus of the thalamus receive fibers from some of the tertiary olfactory areas.

Crosby et al. (1966) stated that the olfactory tubercle distributes fibers to the preoptic and hypothalamic areas through the medial forebrain bundle. Valverde (1965) and Mizuno et al. (1969) observed that fascicles from the olfactory tubercle enter the medial forebrain bundle to form one of its major components. The present experiment confirms these findings, but revealed that the projection of the fibers via the medial forebrain bundle are limited to the lateral and medial preoptic areas and the lateral hypothalamic area.

Humphrey (1936) found fibers interconnecting the olfactory tubercles of the two hemispheres by way of the anterior commissure which was confirmed in the lungfish by Schnitzlein and Crosby (1967). In this experiment, degenerating fibers were observed in the anterior commissure. In the unoperated hemisphere, axons undergoing degeneration were traced ventrally from the anterior commissure into the lateral two-thirds of the olfactory tubercle.

Summary

The distribution of the efferent projections from the olfactory tubercle of the golden hamster could be defined. In experimental animals these fibers were traced by using the Fink-Heimer method after appropriate unilateral lesions were made in the olfactory tubercle.

Projections were followed rostrally to the anterior olfactory nucleus and the olfactory bulb of the operated side.

Other areas receiving these projections included the following homolateral areas: the lateral and the medial septal areas, the piriform cortex, the preoptic areas, the dorsomedial nucleus of the thalamus, the lateral habenular nucleus, the lateral hypothalamic area and the corticomedial and the basolateral amygdaloid nuclei.

On the contralateral hemisphere fibers were traced to the olfactory tubercle by way of the anterior commissure.

Zusammenfassung

Die Verteilung der efferenten Projektionen des Tuberculum olfactorium wurden beim Goldhamster untersucht. Der Faserverlauf wurde bei Versuchtieren nach einseitigen Läsionen im Tuberculum olfactorium mit der Fink-Heimer-Methode studiert. Die Fasern verlaufen rostral zum Nucleus olfactorius anterior und zum Bulbus olfactorius der operierten Seite.

Folgende Areale erhalten ebenfalls Projektionen: Septum laterale und mediale, Cortex piriformis, Area praeoptica, Nucleus dorsomedialis thalami, Nucleus habenularis lateralis, laterale Gebiete des Hypothalamus und der Nucleus corticomedialis und basolateralis des Mandelkerns.

Zum kontralateralen Tuberculum olfactorium verlaufen Fasern über die Commissura anterior.

Literature

Adey, W. R.: An experimental study of the central olfactory connections in a marsupial (*Trichosorus vulpecula*). Brain **76**, 311—330 (1953).

Ariens Kappers, C. U., G. C. Huber and E. C. Crosby: The Comparative Anatomy of the Nervous System of Vertebrates Including Man. Hafner Publishing Co., New York, Vol. III, 1401—1485 (1936).

Beccari, N.: Il lobo parolfattorio nei mammiferi. Arch. Ital. Anat. Embriol. **9**, 173—220 (1910).

Carey, J. H.: The nuclear pattern of the telencephalon of the blacksnake, *Coluber constrictor constrictor*. In: Evolution of the Forebrain. Phylogenesis and Ontogenesis of the Forebrain. Ed. by R. Hassler and H. Stephan, Georg Thieme Verlag, Stuttgart, 73—80 (1966).

Clark, W. E. L., and M. Meyer: The terminal connections of the olfactory tract in the rabbit. Brain **70**, 304—328 (1947).

Crosby, E. C.: The forebrain of the *Alligator mississippiensis*. J. Comp. Neur. **27**, 325—402 (1917).

Crosby, E. C., R. B. de Jonge and R. Schneider: Evidence for some of the trends in the phylogenetic development of the vertebrate telencephalon. In: Evolution of the Forebrain. Phylogenesis and Ontogenesis of the Forebrain. Ed. by R. Hassler and H. Stephan, Georg Thieme Verlag, Stuttgart, 117—135 (1966).

Ferrer, N. G.: Olfactory projections in hamsters. Ala. J. Med. Sc. **4**, 52—67 (1967).

Ferrer, N. G.: Some fiber connections of the anterior olfactory nucleus. Anat. Rec. **160**, 349 (1968).

Ferrer, N. G.: Secondary olfactory projections in the galago (*Galago crassicaudatus*) and the tree shrew. J. Comp. Neur. **136**, 337—348 (1969).

Ferrer, N. G.: Efferent projections of the anterior olfactory nucleus. J. Comp. Neur. **137**, 309—321 (1969).

Fox, C. A.: Certain basal telencephalic centers in the cat. J. Comp. Neur. **72**, 1—62 (1940).

Green, J. D., M. Mancia and R. von Baumgarten: Recurrent inhibition in the olfactory bulb. I. Effects of antidromic stimulation of the lateral olfactory tract. J. Neurophysiol. **25**, 467—488 (1962).

Guillery, R. W.: Afferent fibers to the dorsomedial thalamic nucleus in the cat. J. Anat. (London) **93**, 403—419 (1959).

Hoffman, H. H.: The olfactory bulb, accessory olfactory bulb and hemisphere of some anurans. J. Comp. Neur. **102**, 317—368 (1963).

Hoffman, H. H.: The hippocampal and septal formations in anurans. In: Evolution of the Forebrain. Phylogenesis and Ontogenesis of the Forebrain. Ed. by R. Hassler and H. Stephan. Georg Thieme Verlag, Stuttgart, 61—72 (1966).

Humphrey, T.: The telencephalon of the bat. I. The noncortical nuclear masses and certain pertinent fiber connections. J. Comp. Neur. **65**, 603—711 (1936).

Humphrey, T.: The development of the human tuberculum olfactorium during the first three months of embryonic life. J. Hirnforsch. **9**, 437—469 (1967).

Lauer, E. W.: The nuclear pattern and fiber connections of certain basal telencephalic centers in the macaque. J. Comp. Neur. **83**, 215—254 (1945).

Lauer, E. W.: Certain olfactory centers of the forebrain of the giant panda. J. Comp. Neur. **90**, 213—241 (1949).

Lohman, A. H. M.: The anterior olfactory lobe of the guinea pig. Acta Anat. (Basel) (Suppl. 49) **53**, 1—109.

Lohman, A. H. M., and H. J. Lammers: On the connections of the olfactory bulb and the anterior olfactory nucleus in some mammals. An experimental study. In: Progress in Brain Research. Vol. 3. The Rhinencephalon and Related Structures, pp. 149—162. Ed. by Bargmann and J. P. Schade. Elsevier Publ. Co., Amsterdam (1963).

Meyer, M., and A. C. Allison: An experimental investigation of the connections of the olfactory tracts in the monkey. J. Neur. Neurosurg. Psychiat. **12**, 274—286 (1949).

Mizuno, N., C. D. Clemente and E. K. Sauderland: Fiber projections from the rostral basal forebrain structures in the cat. Exp. Neur. **3**, 220—227 (1969).

Morin, F.: An experimental study of hypothalamic connections of the guinea pig. J. Comp. Neur. **92**, 193—213 (1950).

Phillips, C. G., T. P. S. Powell and G. M. Shephard: Responses of mitral cells to stimulation of the lateral olfactory tract in the rabbit. J. Physiol. (London) **168**, 65—88 (1963).

Powell, T. P. S., and W. M. Cowan: Centrifugal fibers in the lateral olfactory tract. Nature (London) **199**, 1296—1297 (1963).

POWELL, T. P. S., and W. M. COWAN and G. RAISMAN: The central olfactory connections. J. Anat. **99**, 791—813 (1965).

RAMON Y CAJAL, S.: Histologie du systeme nerveux de l'homme et des vertebres. Tome II. A. Maloine, Paris (1911).

SCHNITZLEIN, H. N.: The olfactory tubercle of the African lungfish, *Protopterus*. Ala. J. Med. Sc. **3**, 39—45 (1966).

SCHNITZLEIN, H. N., and E. C. CROSBY: The telencephalon of the lungfish, *Protopterus*. J. Hirnforsch. **9**, 105—149 (1967).

SMITH, O. A., JR. and C. N. BODEMER: A stereotaxic atlas of the brain of the golden hamster (*Mesocricetus auratus*). J. Comp. Neur. **120**, 53—83 (1963).

VALVERDE, F.: Studies on the Piriform Lobe. Harvard University Press, Cambridge, Mass. (1965).

WHITE, L. E.: Terminal and preterminal degeneration pattern following olfactory bulb lesions in the rat. Anat. Rec. **142**, 333 (1962).

YAMAMOTO, C., T. YAMAMOTO and K. IWAMA: The inhibitory systems in the olfactory bulb studies by intracellular recording. J. Neurophysiol. **26**, 403—415 (1963).

YOUNG, M. W.: Degeneration of the fiber tracts following experimental transection of the olfactory bulb. Anat. Rec. **79**, 65—66 (1941).

The author's adress:

Nathaniel G. FERRER, M. D., Ph. D.
Dept. of Anatomy
University of Saskachewan
SASKATOON/Canada

Aus dem Anatomischen Institut der Humboldt-Universität zu Berlin
(Direktor: Prof. Dr. sc. med. W. Kirsche)

Qualitative und quantitative zytoarchitektonische Untersuchungen zur Variabilität des Bulbus olfactorius der erwachsenen weißen Laborratte (Rattus norvegicus, forma alba)

Von

E. Schulz, B. Thamke, H. Rehmer, B. Schönheit

Mit 2 Tabellen und 5 Abbildungen

(Eingegangen am 18. 1. 1971)

Einleitung

Die Bulbi olfactorii einer Gruppe gleichalter erwachsener Albinoratten zeigen in Form und Größe erhebliche individuelle Unterschiede. Auch das Bruttokörpergewicht, die Körperlängenmaße und das absolute Hirngewicht besitzen bei einer solchen Tiergruppe eine hohe Variationsbreite (Rehmer et al. 1971).

In der vorliegenden Arbeit untersuchten wir qualitativ und quantitativ zytoarchitektonische Kriterien an denselben, in unserer Vorarbeit verwendeten Bulbi olfactorii. Unser Ziel war es, einerseits Zusammenhänge zwischen Grob- und Feinstrukturen bzw. Körpermaßen und histologischen Details unter dem Gesichtspunkt der individuellen Variabilität aufzudecken. Andererseits beabsichtigten wir, durch die Untersuchung der Elemente einer anderen Strukturebene unsere Aussagemöglichkeiten über die „normale" Breite der individuellen Variabilität bei einer „üblichen" Gruppe von Tieren gleicher Art und gleichen Alters zu erweitern.

Über Zusammenhänge zwischen inneren bzw. Umweltbedingungen und der Größe der individuellen Variabilität können wir keine Aussagen machen. Wir betrachten unsere Arbeit auch als Voruntersuchung für die Beurteilung experimentell erzeugter Strukturänderungen qualitativer und quantitativer Art.

Material und Methode[1])

Wir verweisen hier auf unsere Vorarbeiten (Rehmer et al. 1971, Schönheit 1971a, b), in denen über die auch in dieser Arbeit angewandte Methodik ausführlich berichtet wurde. Abweichend zu der vorher beschriebenen Methodik haben wir in der vorliegenden Arbeit die Dicke der Rinde und der Rindenschichten nicht am Schnitt mit dem maximalen Umfang, sondern an dem in der Mitte zwischen Polus anterior des Bulbus olfactorius und dem Beginn des Bulbus accessorius liegenden Frontalschnitt („Mittelschnitt") gemessen. Unsere zytoarchitektonischen Untersuchungen führten wir an denselben Bulbi olfactorii durch, an denen wir schon Länge, Breite, Höhe, Oberfläche und Volumen studiert haben (Rehmer et al. 1971). Bei den Tieren, deren Bulbi untersucht wurden, handelt es sich um 20 männliche weiße Ratten des Stammes „Rehbrücke" (Rattus norvegicus, forma alba) im Alter von 6 Monaten (±7 Tage).

Die in der Tabelle 1a angegebenen Werte für Bruttokörpergewicht, Gesamtlänge, Schwanzlänge, absolutes Hirngewicht, Oberfläche und Volumen des Bulbus olfactorius haben wir aus unserer Vorarbeit übernommen.

[1]) Die technischen Arbeiten wurden wiederum von unseren MTA Frl. H. Götz und Frau L. Holz in bewährter Qualität durchgeführt, wofür wir beiden sehr herzlich danken. Für die Korrelationsanalysen sind wir dem Rechenzentrum der Humboldt-Universität Berlin und seinen Mitarbeitern im Bereich Medizin zu Dank verpflichtet.

Ergebnisse

1. Qualitative Befunde

Als Voraussetzung für unsere quantitativen Studien über die individuelle Variabilität des Bulbus olfactorius (BOL) der Ratte hielten wir es für angebracht, uns grundsätzlich über die Zytoarchitektonik dieses Hirnteiles zu orientieren. Die rein qualitative Beurteilung der Bulbi hatte auch das Ziel, auffallende Störungen in der Schichtung des BOL bzw. in den Schichten selbst zu ermitteln. Es sei vorweggenommen, daß die individuelle Variabilität innerhalb der untersuchten Tiergruppe erst durch unsere quantitativen Studien deutlich wurde. Im folgenden beschränken wir uns einerseits darauf, die in den 20 untersuchten Bulbi olfactorii (der linken Seite) vorhandenen Besonderheiten im zytoarchitektonischen Aufbau darzulegen. Andererseits existieren bedeutende Differenzen in der Größe der Bulbi, die auch in zytoarchitektonischen Unterschieden zwischen den verschieden großen Bulbi zum Ausdruck kommen. Solche extremen Abweichungen wollen wir eben-

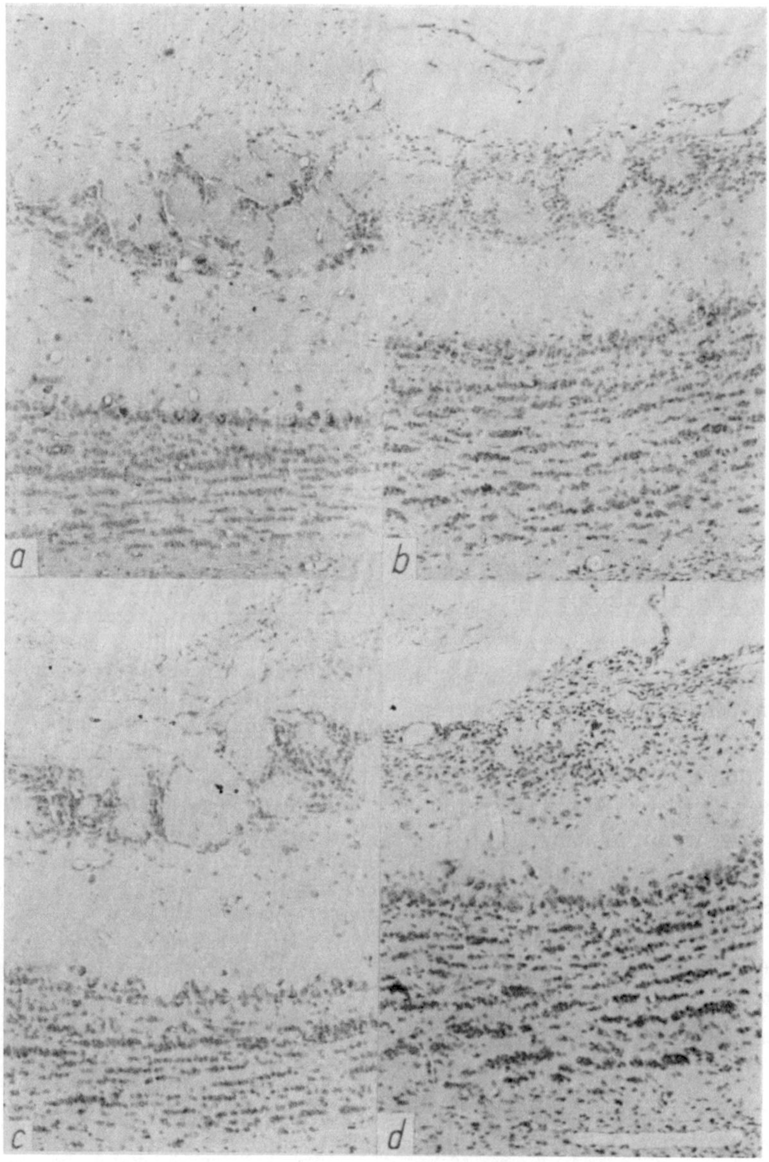

Abb. 1. Ausschnitte aus der medialen Wand von Bulbi olfactorii mit verschieden großen Volumina (Frontalschnitte). a — Vol. = 20,42 mm³, b — Vol. = 7,68 mm³, c — Vol. = 19,35 mm³, d — Vol. = 6,83 mm³. Bouin, Paraffin, 10 μm, Dominici. Mikrofotografien, Planachromat 16, Projektiv K 2,5 : 1, Negativvergr. 40fach, Positivnachvergr. 100fach.

falls beschreiben, weil sie sich durch einfache Beobachtung erkennen lassen.

In unserer vorangegangenen Arbeit (REHMER et al. 1971) haben wir über Formunterschiede zwischen Bulbi olfactorii mit verschiedenen Volumina berichtet. Die Abb. 1, in der vergleichbare Ausschnitte aus der Rinde von Bulbi mit großem und kleinem Volumen dargestellt sind, zeigt, daß bei solchen Bulbi auch die Gesamtrinde unterschiedlich dick ist. Bei einem kleinen Bulbus haben die einzelnen Schichten nicht den deutlich „undulierenden" Verlauf wie bei einem großen Bulbus. Auffällig ist, daß an einen kleinen BOL in der Regel sehr wenige primäre olfactorische Fasern herantreten. Ein ausgeprägtes Stratum fibrorum fehlt hier. Im Zusammenhang damit sind auch die Glomeruli bei einem kleinen BOL kleiner. Die Zellgröße, insbesondere die der Mitralzellen, ist auffallend geringer. Die Dichte der Mitralzellen dagegen ist, wie unsere quantitativen Befunde bestätigen, bei Bulbi mit unterschiedlich großem Volumen etwa gleich. Man gewinnt jedoch den Eindruck, daß die Dichte der äußeren Körnerzellen bei kleinen Bulbi größer ist als bei großen Bulbi. Auch im Zentrum kleiner Bulbi ist eine höhere Kerndichte zu verzeichnen. Die inneren Körnerzellen sind offenbar diffuser verteilt und nicht so klar in Gruppen angeordnet wie bei großen Bulbi. Mit der insgesamt höheren Zelldichte in kleineren Bulbi geht die relativ schwächere Ausbildung der inneren Fasersubstanz bei kleinen Bulbi einher. Das ist auch aus den Volumenwerten der äußeren plexiformen Schicht erkennbar. Ein Überblick über alle Serien zeigt, daß die Menge bzw. Konzentration der primären Olfactoriusfasern unmittelbar mit der zahlenmäßigen Verteilung und der Größe der Glomeruli zusammenhängt. In den rostralen Abschnitten des BOL treten die Olfactoriusfasern hauptsächlich dorsolateral an den Bulbus heran. In diesem Bereich finden wir die meisten und größten Glomeruli. In der Mitte und caudal zieht die Hauptmasse der Olfactoriusfasern, von ventral kommend, an die mediale Seite des BOL heran. Entsprechend liegen nun hier die größten Glomeruli. Eine Regelmäßigkeit in der Dichte der Glomeruli, bezogen auf die einzelnen Quadranten des BOL, ist nicht vorhanden. Sehr wenige Glomeruli liegen an der dorsalen und ventrolateralen Seite des BOL. Mitunter berühren die hier vorbeiziehenden Olfactoriusfasern direkt das Stratum plexiforme externum. Das kommt jedoch auch ventromedial vor, also an einer Stelle, an der allgemein das Stratum fibrorum sehr dick und die Glomeruli groß sind. Nicht immer sind die Glomeruli durch die Zellen der äußeren Körnerschicht voneinander getrennt, häufig grenzen sie direkt aneinander.

In mehreren Fällen beobachten wir Abweichungen von der typischen Schichtung bzw. Unregelmäßigkeiten in den Schichten selbst. So ist in einem Bulbus im rostralen Abschnitt eine atypische „Zellbrücke" (Abb. 2d) im Stratum plexiforme externum zu sehen, die sich etwa über 75 µm in der Längsrichtung des Bulbus ausdehnt. Damit handelt es sich um eine Leiste, die an das Stratum glomerulosum heranreicht und Zellelemente des Stratum mitrale und der inneren Körnerschicht enthält. In einem anderen Fall werden die Mitralzellschicht und die innere Körnerschicht durch Zellen unterbrochen, die mit ihrer Längsachse senkrecht zum Schichtenverlauf orientiert sind. Diese Zellanordnung erstreckt sich etwa über 100 µm in rostrocaudaler Richtung und erinnert an einen „Schweif", der aus dem Zentrum des BOL kommend alle Schichten durchbricht und in das Stratum plexiforme externum eindringt.

Die Mitralzellen sind in der gesamten Circumferenz des Bulbus nicht gleichmäßig dicht gelagert. Regeln lassen sich auch hierfür nicht aufstellen. Besonders deutlich ist die Unregelmäßigkeit im Bereich der starken Krümmungen (Abb. 2a, c). Streckenweise sind in der Mitralschicht keine Mitralzellen enthalten (Abb. 2b, c). Sehr häufig sind Mitralzellen in das Stratum plexiforme externum bzw. internum verlagert. In einem Fall wird die Mitralzellschicht medial, etwa in der Bulbusmitte, von einem schrägverlaufenden Faserzug durchbrochen (Abb. 2h).

Umstritten ist die Existenz des Stratum plexiforme internum. Diese Schicht ist tatsächlich nur in wenigen Fällen bzw. nur streckenweise als solche zu erkennen (Abb. 2e, f). Sie wird meist von Körnerzellen überlagert. In Versilberungspräparaten ist jedoch die Faserkonzentration dicht an der Innenseite der Mitralzellschicht deutlich zu sehen. Wie später noch berichtet wird, ist diese Schicht im Bulbus olfactorius junger Ratten auch in der Übersichtsfärbung immer klar zu erkennen.

Die Anordnung der inneren Körnerzellen zeigt unregelmäßige Unterschiede zwischen einer diffusen Verteilung und „balkenartigen" Zusammenlagerungen. Damit verbunden ist eine teilweise unterschiedliche Körnerzelldichte in den einzelnen Quadranten. Innerhalb des Stratum granulosum internum finden sich regelmäßig einige größere Neurone, die sich deutlich von den Körnerzellen

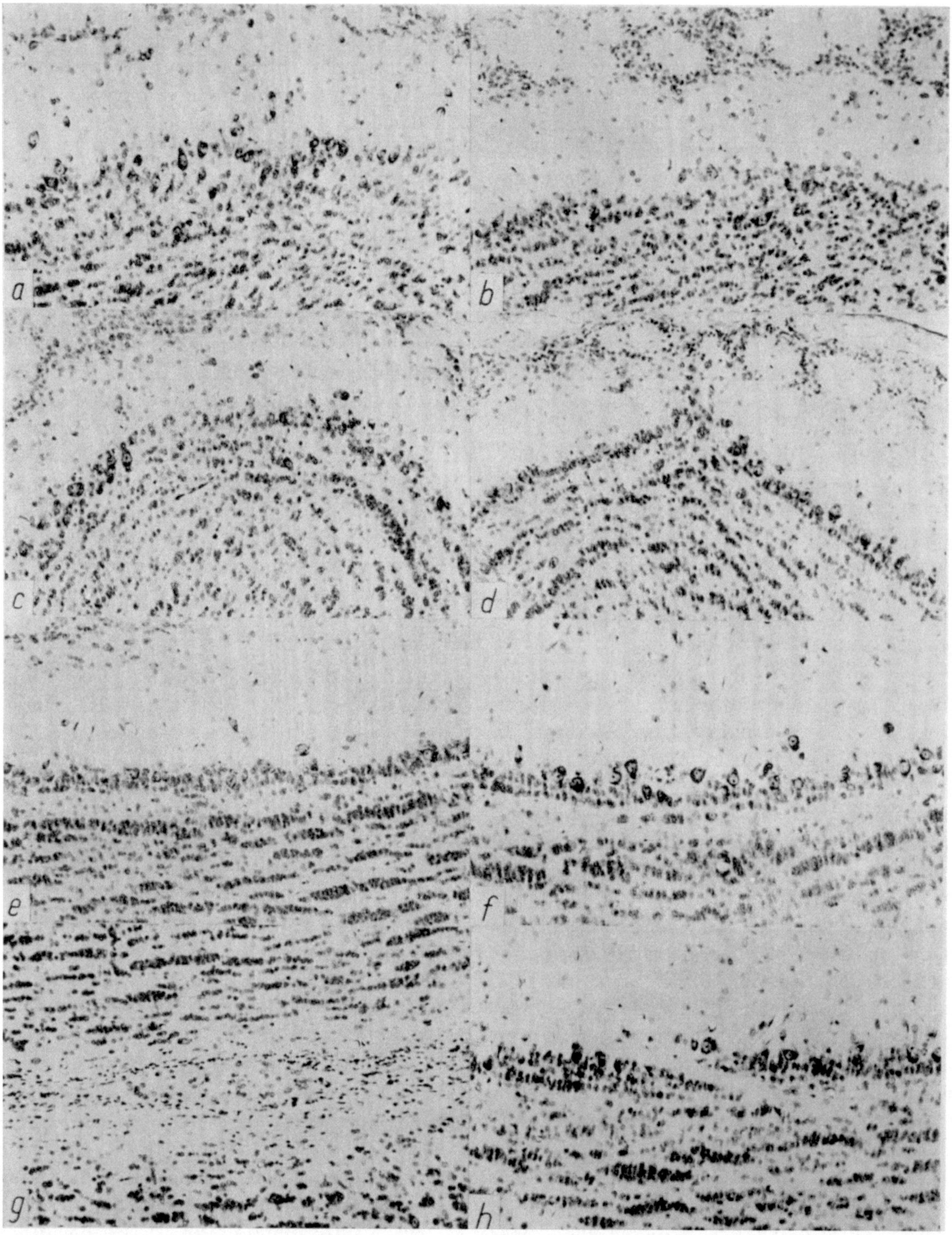

Abb. 2. Variationen bzw. Unregelmäßigkeiten im Schichtenbau bei verschiedenen Bulbi olfactorii. Frontalschnitte. Erklärung s. Text. a—c) Ausschnitte aus dem dorsomedialen Quadranten bzw. dorsalen Bulbuspol. e, h) mediale Wand, f) laterale Wand, g) Zentrum des BOL. Bouin, Paraffin, 10 μm, Dominici. Mikrofotografien, Planachromat 16, Projektiv K 3,2 : 1, Negativvergr. 51,2fach, Positivnachvergr. 128fach.

unterscheiden. Sie sind der Größe und Form nach den Pinsel- oder Mitralzellen zuzurechnen. Diese in den Innenzonen des BOL liegenden großen Neurone enthalten auch entsprechend viel Nissl-Substanz. Gelegentlich sind neben den großen Neuronen auch Ependymreste im Zentrum des BOL zu sehen. Es handelt sich hierbei meist um Ependymrosetten, die aus einschichtig kubischem Epithel aufgebaut sind (Abb. 3). In einigen Fällen

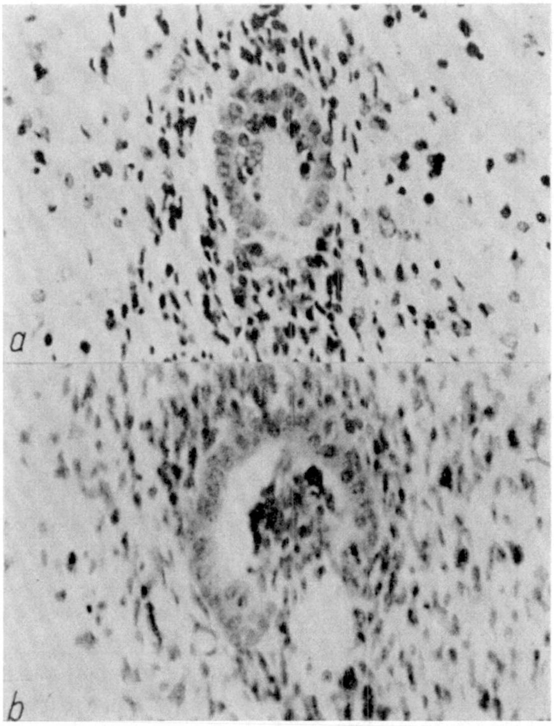

Abb. 3. Ependymreste („Rosetten") im Zentrum eines Bulbus olfactorius. Frontalschnitte. Bouin, Paraffin, 10 µm, Dominici. Mikrofotografien, Planachromat 40, Projektiv K 3,2 : 1, Negativvergr. 128fach, Positivnachvergr. 220fach.

ist in diesen Rosetten ein Lumen vorhanden (Abb. 3b), das jedoch niemals Verbindung zum Vorderhorn des Seitenventrikels hat. In der Umgebung der Rosetten finden sich einige Mitosen.

In einem Bulbus sehen wir im Zentrum eine von aktiven Gliaelementen umschlossene Gruppe kleiner Neurone, die weder den Matrixresten noch den Körnerzellen zuzurechnen sind (Abb. 2g).

2. *Quantitative Befunde*

Durch die messenden Untersuchungen konnten die individuellen Varianten in der Zytoarchitektonik der untersuchten Bulbi genauer bestimmt

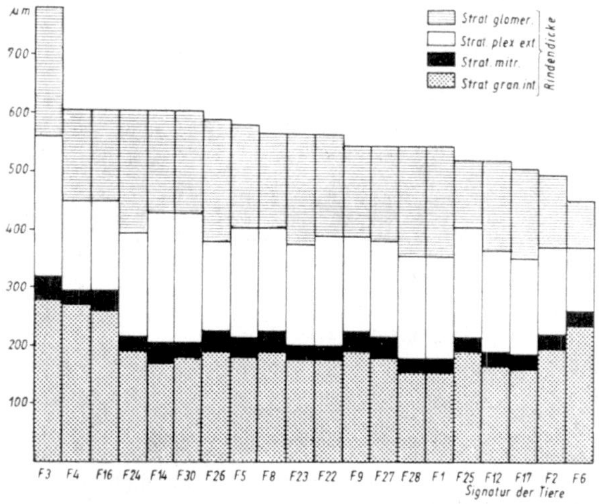

Abb. 4. Graphische Darstellung der Rinden- und Schichtdicken der untersuchten 20 Bulbi olfactorii.

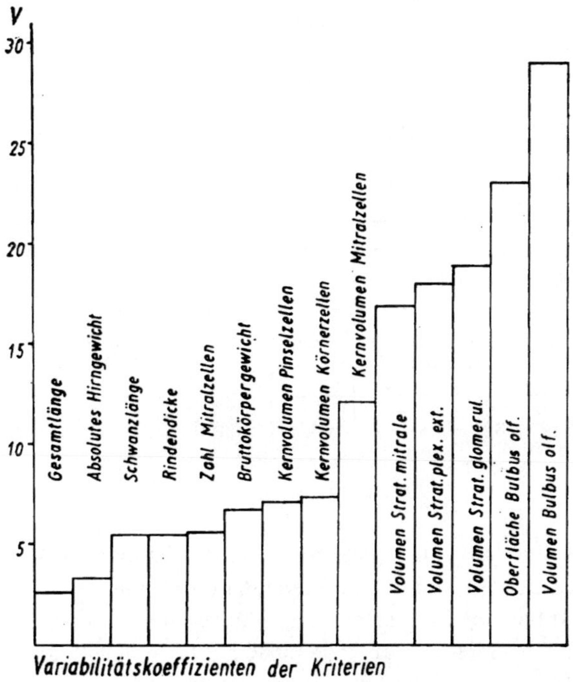

Abb. 5. Graphische Darstellung der Variabilitätskoeffizienten der an 20 Ratten (Alter 6 Monate) untersuchten Merkmale.

werden. Unsere Ergebnisse sind den Tabellen 1a, b und 2 sowie den graphischen Darstellungen (Abb. 4 und 5) zu entnehmen.

Rindendicken und Schichtdicken

Als Gesamtrindendicke haben wir den Abstand zwischen der äußeren Grenze des Stratum glomerulosum und der Innengrenze des Stratum granu-

Tabelle 1a

Signatur der Tiere	Brutto-Körpergewicht g	Gesamtlänge mm	Schwanzlänge mm	Absolutes Hirngewicht mg	Oberfläche BOL mm²	Volumen BOL mm³	Volumen des Strat. glom. mm³	Volumen des Strat. glom. % des BOL-Vol.	Volumen des Strat. plex. ext. mm³	Volumen des Strat. plex. ext. % des BOL-Vol.	Volumen des Strat. mitrale mm³	Volumen des Strat. mitrale % des BOL-Vol.
F 1	391,5	440	190	2000	40,8	20,42	5,56	27,2	6,64	32,5	1,087	5,32
F 2	354,0	420	190	1945	17,6	6,83	1,68	24,6	1,59	23,3	0,459	6,72
F 3	439,5	450	195	2100	26,2	11,97	3,19	26,6	3,28	27,4	0,858	7,17
F 4	383,7	431	185	1950	19,4	8,54	2,00	23,4	2,13	24,9	0,534	6,24
F 5	407,0	432	180	1920	26,4	11,43	3,15	27,6	3,43	30,0	0,775	6,78
F 6	353,5	425	187	2000	19,8	7,68	1,74	22,7	1,82	23,7	0,573	7,46
F 8	390,5	433	186	1990	33,8	15,18	4,67	30,8	4,23	27,9	1,056	6,96
F 9	378,5	452	200	2080	32,8	15,56	4,47	22,3	4,71	30,3	0,922	5,93
F 12	391,5	434	184	1930	36,6	18,16	5,20	28,6	5,51	30,3	0,569	3,13
F 14	421,1	455	210	2150	26,1	11,87	2,96	24,9	3,13	26,4	0,702	5,91
F 16	368,0	427	175	1940	20,9	10,42	3,33	32,0	2,48	23,8	0,677	6,50
F 17	380,0	438	194	2070	33,7	15,61	5,39	34,5	4,03	25,8	0,927	5,94
F 22	422,5	460	220	2020	37,9	19,35	5,75	29,2	5,61	29,0	1,015	5,76
F 23	391,8	442	186	2140	31,0	15,82	5,01	31,7	4,19	26,4	1,015	6,42
F 24	378,5	444	189	2030	24,7	19,05	5,98	31,4	5,39	27,1	1,197	6,27
F 25	402,2	456	185	2050	23,6	10,19	2,72	26,7	2,54	24,9	0,769	7,55
F 26	338,1	426	181	1970	23,8	11,41	3,22	28,2	2,67	23,4	0,756	6,63
F 27	340,6	435	188	2060	31,6	15,67	4,72	31,2	3,84	24,5	1,052	6,71
F 28	388,5	434	188	1980	33,2	17,48	5,48	31,4	4,79	27,4	1,073	6,14
F 30	421,5	447	201	2050	31,0	15,47	4,67	30,2	4,03	26,1	0,852	5,51
arithmet. Mittel: $\bar{x}$	387,1	439,1	190,7	2018,8	28,6	13,91	4,05	28,3	3,80	26,8	0,843	6,25
Variationsbreite	101,4	40,0	45,0	230,0	23,2	13,59	4,30	12,2	5,05	9,2	0,738	4,42
Streuung: S	±27,5	±11,4	±10,5	±68,1	±6,6	±4,04	±1,40	±3,5	±2,13	±2,6	±0,212	±0,95

losum internum gemessen. Da die Rinde und die Schichten in den einzelnen Quadranten des Bulbus unterschiedlich breit sind, wählten wir als einheitliche Meßstelle an jedem BOL an vergleichbaren Frontalschnitten den medialen Bereich der horizontalen Bulbusachse.

Die Breite der gesamten Rinde schwankt erheblich (s. Abb. 1 und 4), obwohl der Variationskoeffizient für die Rindendicke im Vergleich zu anderen Parametern niedrig ist (Abb. 5). Diese Schwankungen hängen vorwiegend von der Breite der faserhaltigen Schichten des BOL ab. In der Regel hat ein Bulbus mit kleinem Volumen eine insgesamt schmalere Rinde. Dabei sind insbesondere das Stratum fibrorum, aber auch die äußere plexiforme Schicht relativ schmal, während allgemein bei diesen Bulbi die innere Körnerschicht breiter ist. Die Dicke der Mitralzellschicht ist relativ konstant. Das Verhalten dieser Schicht ist auch aus dem Wert für die Variationsbreite ablesbar.

Volumina der Rindenschichten

Die Volumenwerte spiegeln die hohe individuelle Variabilität der Bulbi besonders deutlich wider. Das ist erkennbar an ihren großen Variationsbreiten und hohen Variabilitätskoeffizienten. Schon bei der Messung der Schichtdicken wurde der Zusammenhang zwischen der Größe des Bulbus und den relativen Anteilen der Faserschichten angedeutet. Dieser Zusammenhang wird durch das Verhalten der Volumina bestätigt. In der Regel ist bei Bulbi mit insgesamt geringem Volumen der prozentuale Volumenanteil faserhaltiger Schichten (Stratum glomerulosum, Stratum plexiforme externum) relativ klein. Das Volumen der Mitral-

Tabelle 1b

Signatur der Tiere	Gesamtdicke der Rinde am Mittelschnitt µm	Schichtdicken in % der Rindendicke				Zahl der Mitralzellen in (100 µm)³	Kernvolumen der Pinselzellen µm³	Kernvolumen der Mitralzellen µm³	Kernvolumen der inneren Körnerzellen µm³
		Strat. glom.	Strat. plex. ext.	Strat. mitr.	Strat. gran. int.				
F 1	546	35	32	5	28	122,4	446,24	705,60	104,51
F 2	494	25	30	5	40	121,8	255,63	448,27	94,91
F 3	780	28	31	5	36	121,8	311,03	530,61	79,05
F 4	607	26	26	4	44	120,2	291,78	523,01	84,94
F 5	581	30	33	6	31	131,6	288,15	657,72	92,81
F 6	451	17	25	6	52	122,5	227,40	536,13	86,62
F 8	564	28	32	6	34	126,4	384,85	751,13	101,56
F 9	547	29	30	6	35	122,7	441,26	659,74	104,38
F 12	520	30	33	5	32	125,4	415,93	658,34	110,19
F 14	606	29	37	5	29	120,5	342,00	584,00	89,67
F 16	607	26	26	5	43	113,0	351,96	579,88	92,56
F 17	503	31	33	5	31	116,0	399,11	441,90	99,91
F 22	563	31	34	4	31	131,3	448,91	659,14	109,41
F 23	563	34	31	4	31	127,7	421,95	694,58	125,27
F 24	607	34	30	4	32	121,1	394,72	609,64	101,56
F 25	521	21	37	5	37	118,5	272,63	564,01	90,35
F 26	590	35	27	6	32	123,4	321,89	562,49	97,54
F 27	547	30	30	6	34	118,9	374,54	691,85	101,65
F 28	546	35	32	5	28	137,8	400,75	653,33	96,85
F 30	606	29	37	4	30	130,6	358,80	644,23	92,49
arithmet. Mittel: $\bar{x}$	568	29	31	5	35	123,7	357,98	607,78	97,81
Variationsbreite	329	18	12	2	24	24,8	221,51	263,70	46,22
Streuung: S	±66,0	±4,7	±3,5	±0,8	±6,1	±5,7	±63,67	±84,31	±10,34

zellschicht schwankt von den drei Schichten am geringsten. Sein prozentualer Anteil am Gesamtvolumen des Bulbus ist allgemein bei kleinen Bulbi höher als bei großen Bulbi. Die Zusammenhänge zwischen dem Gesamtvolumen des BOL und den Volumina der einzelnen Schichten gehen aus den errechneten Korrelationskoeffizienten hervor (Tab. 2).

Zwischen den Volumina der einzelnen Schichten des BOL bestehen ebenfalls Zusammenhänge, die in hochsignifikanten Korrelationskoeffizienten zum Ausdruck kommen. Auch die absoluten Volumenwerte der drei vermessenen Schichten sagen aus, daß zwischen ihnen gleichgerichtete Beziehungen bestehen. In der Regel sind bei einem kleinen bzw. großen Volumen einer der drei Schichten auch die Volumenwerte der beiden anderen Schichten gering bzw. hoch.

Mitralzelldichte

Die Mitralzelldichte ermittelten wir durch die Bestimmung der Anzahl Mitralzellen in einem einheitlichen Volumen (100 µm)³ der Mitralschicht. Dieser Wert zeigt einen geringen Variabilitätskoeffizienten. Die Variationsbreite beträgt etwa 1/5 des Mittelwertes. Diese geringe Variabilität läßt Aussagen über Zusammenhänge zwischen der Mitralzelldichte und dem Gesamtvolumen des BOL bzw. dem Volumen der Mitralzellschicht nicht zu. Das wird durch entsprechende, nicht signifikante Korrelationskoeffizienten bestätigt.

Kernvolumina

Die Kernvolumina der Pinselzellen, Mitralzellen und inneren Körnerzellen zeigen wie alle anderen Volumenwerte hohe Variationsbreiten

Tabelle 2. Beziehungen zwischen den Merkmalen

Merkmale	Korrelationskoeffizient r bei einer Irrtumswahrscheinlichkeit von 1%	5%	r nicht signifikant
Bruttokörpergewicht/Gesamtlänge	0,7150		
Bruttokörpergewicht/Schwanzlänge		0,5242	
Bruttokörpergewicht/absol. Hirngewicht			0,3533
Bruttokörpergewicht/Oberfläche BOL			0,3177
Bruttokörpergewicht/Volumen BOL			0,2529
Bruttokörpergewicht/Zahl Mitralzellen in (100 μm)³			0,3475
Gesamtlänge/Schwanzlänge	0,7212		
Gesamtlänge/absol. Hirngewicht	0,6843		
Gesamtlänge/Oberfläche BOL			0,4065
Gesamtlänge/Volumen BOL			0,4237
Gesamtlänge/Zahl Mitralzellen in (100 μm)³			0,1011
Schwanzlänge/absol. Hirngewicht		0,5321	
Schwanzlänge/Oberfläche BOL			0,3745
Schwanzlänge/Volumen BOL			0,3265
Schwanzlänge/Zahl Mitralzellen			0,2286
Absol. Hirngewicht/Oberfläche BOL			0,1979
Absol. Hirngewicht/Volumen BOL			0,1991
Absol. Hirngewicht/Zahl Mitralzellen in (100 μm)³			−0,1288
Absol. Hirngewicht/Vol. Strat. glom.			0,2035
Absol. Hirngewicht/Vol. Strat. plex. ext.			0,1284
Absol. Hirngewicht/Vol. Strat. mitrale			0,3892
Absol. Hirngewicht/Kernvol. Pinselzellen			0,2563
Absol. Hirngewicht/Kernvol. Mitralzellen			0,0489
Absol. Hirngewicht/Kernvol. Körnerzellen			0,1492
Absol. Hirngewicht/Gesamtrindendicke			0,2511
Oberfläche BOL/Volumen BOL	0,8873		
Volumen BOL/Vol. Strat. glom.	0,9736		
Volumen BOL/Vol. Strat. plex. ext.	0,9767		
Volumen BOL/Vol. Strat. mitr.	0,7872		
Volumen BOL/Kernvolumen Pinselzellen	0,9147		
Volumen BOL/Kernvolumen Mitralzellen	0,6399		
Volumen BOL/Kernvolumen Körnerzellen	0,6514		
Volumen BOL/Gesamtrindendicke			0,0229
Zahl Mitralzellen in (100 μm)³/Vol. Strat. glom.			0,3274
Zahl Mitralzellen in (100 μm)³/Vol. Strat. plex. ext.			0,3757
Zahl Mitralzellen in (100 μm)³/Vol. Strat. mitr.			0,2805
Zahl Mitralzellen in (100 μm)³/Kernvol. Mitralzellen		0,4921	
Vol. Strat. glom./Vol. Strat. plex. ext.	0,9171		
Vol. Strat. glom./Vol. Strat. mitr.	0,8159		
Vol. Strat. plex. ext./Vol. Strat. mitr.	0,7212		
Vol. Strat. mitr./Kernvol. Mitralzellen	0,5910		
Kernvol. Pinselzellen/Kernvol. Mitralzellen	0,5996		
Kernvol. Pinselzellen/Kernvol. Körnerzellen	0,7385		

und Variabilitätskoeffizienten. Die Kernvolumina korrelieren hochsignifikant mit den Schichtvolumina bzw. mit dem Gesamtvolumen des BOL. Auch zwischen den Volumina der Zellkerne bestehen Beziehungen, die in dem mit 1%iger Irrtumswahrscheinlichkeit signifikanten Korrelationskoeffizienten zum Ausdruck kommen. Es fällt auf, daß bei einem durchschnittlich hohen Kernvolumen der Mitralzellen in der Regel auch die inneren Körnerzellkerne ein hohes Volumen zeigen. Einzelne Pinselzellkerne besitzen mitunter ein höheres Volumen als die Kerne der Mitralzellen. Auch bei den Mittelwerten dieser Volumina liegt das Maximum des Kernvolumens der Pinselzellen in einem Fall (Serie F 22) über dem Minimum des Kernvolumens der Mitralzellen (Serie F 17).

Diskussion

Unsere quantitativen zytoarchitektonischen Befunde bestärken uns in der Ansicht, daß die Kenntnis der individuellen Variabilität eines Merkmals eine unabdingbare Voraussetzung für die Deutung experimenteller Befunde ist. Wenn z. B. ALTMAN et al. (1968) feststellen, daß die Hirnlänge bei Ratten von Umwelt- und Verhaltensbedingungen abhängig ist, so muß man fordern, daß die von den Autoren ermittelten Unterschiede unter dem Gesichtspunkt der normalen individuellen Variationsbreite der Rattenhirnlänge betrachtet werden.

Die in dieser Arbeit vorgelegten Ergebnisse reihen sich in die bisherigen Befunde über die individuelle Variabilität des Bulbus olfactorius von Maus und Ratte ein (SCHÖNHEIT 1970, 1971a, b, REHMER et al. 1971). In diesen Arbeiten wurden unter Berücksichtigung der Literatur und der eigenen Ergebnisse unsere Auffassungen über die Bedeutung der individuellen Variabilität ausführlich dargelegt. Wir beschränken uns daher hier nur auf eine kurze Diskussion der vorliegenden Ergebnisse.

Wie bereits beschrieben wurde, bestehen zwischen kleinen und großen Bulbi olfactorii auch bedeutende zytoarchitektonische Unterschiede. In einigen Fällen handelt es sich bei den kleinen Bulbi offenbar um funktionell bedingte Veränderungen im Sinne der Korrelation zwischen Rezeptor und Zentralorgan. Wir konnten zwar die Rezeptoren nicht untersuchen, fanden aber in der Regel an den extrem kleinen Bulbi nur wenige primäre olfactorische Fasern. Das deutet auf die geringere funktionelle Beanspruchung des betreffenden Bulbus hin, die auch zu einer verminderten Ausprägung der inneren Fasersubstanzen bei diesen Bulbi führt. Ob es sich hierbei um eine im Laufe des Lebens eintretende Reduktion handelt, kann nur experimentell geklärt werden. Auch SMITH (1935) beobachtete bei weißen Ratten sehr häufig einseitige Bulbusverkümmerungen, die vorwiegend auf eine Reduktion der Außenschichten der Bulbi zurückzuführen waren. Der Befund von HUMPHREY (1966), daß die Bulbusentwicklung beim Menschen nicht normal abläuft, wenn keine oder nur sehr wenige Fila olfactoria an den Bulbus herantreten, spricht dafür, daß unser Befund auch primär entwicklungsgeschichtlich bedingt sein kann.

Regional gesehen ist die Masse der an den BOL herantretenden primären Riechfasern auch bestimmend für die Struktur in diesen Bulbus-Bereichen. Für die über die primären Riechfasern in den BOL eintretenden Erregungen müssen entsprechend viel Umschaltelemente vorhanden sein. Daher sind wahrscheinlich die Glomeruli an den Stellen des BOL, die reichlich Olfactoriusfasern aufnehmen, besonders groß. Dieser Zusammenhang hat unter Umständen Einfluß auf die Deutung der zwischenartlichen Größenunterschiede der Glomeruli (vgl. MARSCHNER 1970). Nach ALLISON (1953) ist die Größe des Glomerulum direkt proportional der Größe des Bulbus olfactorius. Durch Messungen konnten wir ermitteln, daß die Größe des Bulbus, ausgedrückt in seinem Volumen, auch direkt durch das Volumen der gesamten Glomerularschicht mitbestimmt wird. Die hohe physiologische Bedeutung der Glomeruli olfactorii für die Geruchsunterscheidung geht auch aus den elektrophysiologischen Untersuchungen von LEVETEAU et al. (1966) hervor.

Die von uns beobachteten Abweichungen in der Struktur einzelner Schichten bei einigen Bulbi sind nicht sicher zu interpretieren. Sie sind zum Teil wahrscheinlich nicht zur Individualarchitektonik (C. und O. VOGT, 1954) zu rechnen und eher auf abgelaufene pathologische Vorgänge bzw. Entwicklungsstörungen zurückzuführen (s. Abb. 2d). Unser Anliegen ist es, auf solche Befunde hinzuweisen. In den Bereich des Normalen gehört die Tatsache, daß die Mitralzellen bei Ratten im Gegensatz zur Maus außerordentlich verstreut liegen. Das hat mitunter zur Folge, daß streckenweise die Mitralzellschicht „leer" ist. Die Bedeutung dieses Befundes für die Implantation von Elektroden in die Mitralzellschicht und die entsprechende Deutung extrazellulär abgeleiteter Potentiale ist offensichtlich. Die durchschnittliche Mitralzelldichte schwankt relativ gering. Unsere Korrelationsberechnungen ergaben, daß die Mitralzelldichte mit keinem anderen Kriterium korreliert (sieht man vom Kernvolumen der Mitralzellen ab). Wahrscheinlich wäre zur Aufklärung entsprechender Zusammenhänge die absolute Zahl Mitralzellen geeigneter. Diese Zahl können wir nur schätzen und haben sie deshalb nicht in die Korrelationsberechnungen einbezogen. Nach HOLT (1917) soll die Größe des Bulbus olfactorius nicht mit der Zellzahl, sondern mit der Zellgröße korrelieren.

Die innerhalb des Stratum granulosum liegenden größeren multipolaren Nervenzellen sind u. a. auch von LOHMAN and MENTINK (1969) beschrieben worden. Ihre Bedeutung im Schaltschema des Bulbus olfactorius muß noch geklärt werden. Die Anwesenheit solcher Neurone auch in der Subependymschicht unterstützt die Befunde von ALTMAN (1970), nach denen postnatal entstandene Neurone vom vorderen Pol des Subependyms des Seitenventrikels in das Zentrum des BOL einwandern und weiter zur Peripherie des Bulbus streben. Ähnliche Ergebnisse erhielt SHIMADA (1966) bei autoradiographischen Untersuchungen für die vorderen Abschnitte des Gehirns der Maus.

Interessant ist die Tatsache, daß bei 6 Monate alten Ratten im Zentrum des BOL noch Ependymreste vorkommen können, wie wir sie auch für den BOL der weißen Maus beschrieben haben (SCHÖNHEIT 1971a). Auch ALTMAN (1966) teilte mit, daß Reste der proliferativen periventriculären Zone im Bulbus olfactorius adulter Ratten bestehen bleiben. Bei diesen Ependymrosetten, die teilweise noch ein abgeschlossenes Lumen umschließen, handelt es sich um eine unvollständige Rückbildung des Ventriculus bulbi olfactorii mit seinen subependymalen Bereichen und damit um einen Sonderbefund (vgl. WESTERGAARD 1964, 1970). Diese Erscheinungen sprechen für eine bei einzelnen Tieren postnatal fortdauernde Genese von Zellen auch im Zentrum des Bulbus olfactorius (vgl. SMART 1961, HINDS 1968a, b).

Die Messung der Schichtdicken und die Bestimmung ihres %-Anteiles an der Gesamtrindendicke läßt noch keine Schlüsse auf die Zusammenhänge zwischen der Größe des BOL und der Größe seiner einzelnen Elemente zu. Hier müssen als andere wichtige Faktoren Länge, Höhe und Breite des Bulbus berücksichtigt werden. Ein langer Bulbus kann ein größeres Volumen besitzen als ein kurzer und umgekehrt. Von diesem Zusammenhang sind aber die Schichtdicken abhängig. Die Volumenwerte für die Rindenschichten dagegen sind aussagekräftiger. Die hochsignifikanten Korrelationskoeffizienten zeigen, daß die Größe des BOL (gekennzeichnet durch sein Volumen) wesentlich bestimmt wird durch die Masse innerer Fasersubstanzen (Stratum glomerulosum, Stratum plexiforme externum). Bei der Deutung unserer Volumenwerte muß daran gedacht werden, daß Unterschiede zwischen den Werten nicht immer gleichbedeutend sein müssen mit echten Unterschieden zwischen den Substanzmassen. Auch Veränderungen der Größe des Extrazellularraumes können sich auf die Volumenwerte auswirken. Nach BONDAREFF et al. (1968) schwankt der Extrazellularraum im Cerebralcortex adulter Ratten zwischen 17,8 und 26,8%! Dieser Raum wird in seiner Größe gegenüber Umwelteinflüssen besonders anfällig sein.

Neben den Umweltbedingungen sind genetische und funktionelle Faktoren an der Entstehung individueller Variationen beteiligt. Um hier im Experiment Zusammenhänge aufzuklären, hielten wir es für angebracht, als wesentliche Voraussetzung für solche Versuche die vorliegenden Ergebnisse mitzuteilen.

Zusammenfassung

1. An 20 männlichen weißen Laborratten des Stammes „Rehbrücke" (Rattus norvegicus, forma alba) im Alter von 6 Monaten wurden die linken Bulbi olfactorii qualitativ und quantitativ zytoarchitektonisch studiert. Im Vordergrund stand die Untersuchung der individuellen Variabilität.

2. Im zytoarchitektonischen Bild kommen bei den Bulbi olfactorii Besonderheiten vor, für die sich Regeln nicht aufstellen lassen. Zu solchen Besonderheiten gehören Störungen im normalen Schichtenbau des Bulbus olfactorius bzw. innerhalb der Schichten selbst (Unterbrechung von Schichten, aberrierende Mitralzellen usw.). Bei einigen Bulbi fanden sich im Zentrum Ependymreste.

3. Durch einfache Beobachtung lassen sich zytoarchitektonische Unterschiede zwischen Bulbi mit verschieden großen Volumina erkennen. Besonders auffällig ist hierbei, daß bei Bulbi mit kleinen Volumina in der Regel wenig primäre olfactorische Fasern vorhanden sind und auch die Fasersubstanz innerhalb des Bulbus relativ gering ist.

4. Die individuelle Variabilität wurde durch Messung folgender Kriterien untersucht: Rindendicken und Schichtdicken, Volumina der Rindenschichten, Mitralzelldichte, Kernvolumina der Pinselzellen, Mitralzellen und inneren Körnerzellen. Statistische Berechnungen (arithmetisches Mittel, Streuung, Variationsbreite, Variabilitätskoeffizienten und Korrelationsanalyse) unterstützten die Auswertung der erhaltenen Messwerte.

5. Aus den Werten und Berechnungen geht die hohe individuelle Variabilität auch auf zytoarchitektonischer Ebene hervor. Durch die vorliegenden Ergebnisse wurden Aussagemöglichkeiten über die „normale" Breite der individuellen Variabilität des Bulbus olfactorius bei einer Gruppe gleichalter weißer Laborratten gewonnen.

6. Die Ergebnisse wurden mit Befunden aus der Literatur verglichen und unter funktionellen Gesichtspunkten diskutiert. Sie dienen als Grundlage für die Beurteilung experimentell erzielter Strukturänderungen im Bulbus olfactorius weißer Ratten.

Summary

1. In 20 male laboratory rats of the breed „Rehbrücke" (rattus norvegicus, forma alba) aged 6 months the cytoarchitecture of the left bulbi olfactorii was studied

qualitatively and quantitatively. Special attention was put on the investigation of the individual variability.

2. The cytoarchitectonic picture of the bulbi olfactorii displays peculiarities for which we could not lay down any rules. Such peculiarities are, for example, disorders in the normal structure of layers of the bulbus olfactorius, or disorders within the layers themselves (interruption of layers, aberrant mitral cells, etc.). In some bulbi ependym remnants were found in the centre.

3. By simple observation cytoarchitectonic differences between bulbi of different volumes can be stated. It is obvious that bulbi of small volumes generally have few primary olfactory fibres and relatively little fibre substance within the bulbus.

4. The individual variability was ascertained especially by metric investigations of the following parameters: cortex thicknesses and layer thicknesses, volumes of cortical layers, density of mitral cells, volume of the nuclei of tufted cells, mitral cells, and internal granule cells. Statistical calculations (arithmetic mean, dispersion, range of variations, coefficients of variability, correlation analysis) supported the analysis of the measured values.

5. Our measured values and calculations demonstrate the high individual variability also on the cytoarchitectonic level. Our findings increase the possibility of stating the ,,normal" range of the individual variability of the bulbus olfactorius in a group of animals of the same age.

6. The results were compared with findings reported in literature and discussed from functional aspects. They will serve as a basis for judging structural changes in the bulbus olfactorius of white rats, which were brought about experimentally.

Literatur

ALLISON, A. C.: The morphology of the olfactory system in the vertebrates. Biol. Rev. **28**, 195–244 (1953).

ALTMAN, J.: Autoradiographic and Histological Studies of Postnatal Neurogenesis. II. A Longitudinal Investigation of the Kinetics, Migration and Transformation of Cells Incorporating Tritiated Thymidine in Infant Rats, with Special Reference to Postnatal Neurogenesis in Some Brain Regions. J. Comp. Neurol. **128**, 431–474 (1966).

ALTMAN, J., R. B. WALLACE, W. J. ANDERSON and G. D. DAS: Behaviorally Induced Changes in Length of Cerebrum in Rats. Developm. Psychobiol. **1(2)**, 112–117 (1968).

ALTMAN, J.: Autoradiographic and Histological Studies of Postnatal Neurogenesis. IV. Cell Proliferation and Migration in the Anterior Forebrain, with Special Reference to Persisting Neurogenesis in the Olfactory Bulb. J. Comp. Neurol. **137**, 433–458 (1970).

BONDAREFF, W., and J. J. PYSH: Distribution of the Extracellular Space During Postnatal Maturation of Rat Cerebral Cortex. Anat. Rec. **160**, 773–780 (1968).

HINDS, J. W.: Autoradiographic Study of Histogenesis in the Mouse Olfactory Bulb. I. Time of Origin of Neurons and Neuroglia. J. Comp. Neurol. **134**, 287–304 (1968a).

HINDS, J. W.: Autoradioagraphic Study of Histogenesis in the Mouse Olfactory Bulb. II. Cell Proliferation and Migration. J. Comp. Neurol. **134**, 305–321 (1968b).

HOLT, C. M.: Studies on the olfactory bulbs of the albino rat — in two parts. Part II. On the number of nerve cells in large and small olfactory bulbs. J. Comp. Neurol. **27**, 235–259 (1917).

HUMPHREY, T.: Correlations between the development of the hippocampal formation and the differentiation of the olfactory bulbs. Ala. J. Med. Sci. **3**, 235–269 (1966).

LEVETEAU, J., et P. MAC LEOD: La discrimination des odeurs par les glomérules olfactifs du lapin (étude électrophysiologique). J. de Physiol. **58**, 717–729 (1966).

LOHMAN, A. H. M., and G. M. MENTINK: The lateral olfactory tract, the anterior commissure and the cells of the olfactory bulb. Brain Res. **12**, 396–413 (1969).

MARSCHNER, CHR.: Qualitative und quantitative Untersuchungen am Bulbus olfactorius des Elefanten im Vergleich mit dem des Menschen und des Schweins. Acta anat. **75**, 578–595 (1970).

REHMER, H., E. SCHULZ und B. SCHÖNHEIT: Variabilität der Form und Größe des Bulbus olfactorius der erwachsenen weißen Laborratte (Rattus norvegicus, forma alba). J. Hirnforsch. **12**, 111–122 (1970).

SCHÖNHEIT, B.: Die Variabilität der Körpergröße, des Hirngewichtes und der Form und Größe des Bulbus olfactorius in der postnatalen Entwicklung der Albinomaus (Mus musculus L. 1758, forma alba), Stamm „STRONG A". Anat. Anz. **126**, 363–390 (1970).

SCHÖNHEIT, B.: Zytoarchitektonische Untersuchungen zur postnatalen Entwicklung des Bulbus olfactorius der Albinomaus (Mus musculus L. 1758, forma alba), Stamm ,,STRONG A". J. Hirnforsch. **12**, 355–373 (1970).

SCHÖNHEIT, B.: Quantitative zytoarchitektonische Untersuchungen zur postnatalen Entwicklung des Bulbus olfactorius der Albinomaus (Mus musculus L. 1758, forma alba), Stamm ,,STRONG A". J. Hirnforsch. **12**, 375–388 (1970).

SHIMADA, M.: Cytokinetics and Histogenesis of Early Postnatal Mouse Brain as Studied by ^{3}H-Thymidine Autoradiography. Archiv. histol. japon. **26**, 413–437 (1966).

SMART, I.: The Subependymal Layer of the Mouse Brain and its Cell Production as Shown by Radioautography after Thymidine-H^3 Injection. J. Comp. Neurol. **116**, 325–347 (1961).

SMITH, C. G.: The change in volume of the olfactory and accessory olfactory bulbs of the albino rat during postnatal life. J. Comp. Neurol. **61**, 477–508 (1935).

VOGT, C. und O.: Gestaltung der topistischen Hirnforschung und ihre Förderung durch den Hirnbau und seine Anomalien. J. Hirnforsch. **1**, 1–46 (1954).

WESTERGAARD, E.: Morphological changes in the lateral ventricles of the mouse brain during growth. Acta anat. **59**, 315–326 (1964).

WESTERGAARD, E.: The lateral cerebral ventricles and the ventricular walls. I kommission hos Andelsbogtrykkeriet i Odense 1970 (Med. Diss. Århus).

Anschrift des Autors:

Dr. EVELINE SCHULZ
Anatomisches Institut der Humboldt-Universität
zu Berlin
104 Berlin, Hannoversche Str. 28/29

From the Department of Neurology, Medical Academy, Poznań, Poland
(Prof. Dr. M. WENDER)

Histoenzymology of cerebral white matter in the developing rat brain

By

M. WENDER, M. KOZIK and O. MULAREK

Morphological and biochemical processes in the white matter play an important role in the functional maturation of the central nervous system. This is due particularly to the fact, that during the development of the brain, myelination of the nerve fibres takes place, which brings about basic changes in their physiology and metabolism.

The process of myelinogenesis, which in fact results from a dynamic development of proteolipid membrane system of glial cells, is closely bound to morphological events occuring in these cells (ROBACK and SCHERER, 1935; WENDER and KOZIK, 1968; WENDER, KOZIK and MULAREK, 1970) and is accompanied by significant alterations in their enzymatic activity. The latter, especially with regard to phosphatase and esterase activities, was the subject of our earlier studies (WENDER et al., 1969 and 1970).

Our investigations have revealed that independent of some species differences, myelination gliosis is characterized by an increase in enzyme activity (phosphatases and esterases activities) and parallels the differentiation of immature neuroglial cells, through their intermediate forms towards mature oligodendrocytes and astrocytes. A clear correlation was found between the sequence of myelination of the individual systems of nerve fibres and the increase of enzymatic activity in the neuroglia.

In the later period of brain development, after completion of myelinogenesis, the enzymatic activity in the interfascicular oligodendroglia decreases markedly or even disappears entirely.

The enhancement of acid phosphatase activity, an event which is often observed in pathological processes combined with glial hyperplasia and hypertrophy (WENDER and KOZIK, 1969) seems to bear some relation to the increased metabolism of nucleic acids observed in neuroglial cells in the course of myelinogenesis. The observed increase of TPP-ase activity in the neuroglia during myelination seems to reflect the function of the Golgi apparatus in metabolic processes involved in the development of myelin sheaths, whereas the increased ATP-ase activity—may account for the significance of that enzyme in energy furnishing processes involved in the enhanced lipid and protein metabolism during myelinogenesis.

Data concerning respiratory enzymes in the myelination neuroglia are available only from the fragmentary investigations of FRIEDE (1961) and YONEZAWA et al. (1962). It thus occurred to us, that a systematic study of this aspect of the developing rat brain, with special regard to the interrelationships between respiratory enzyme activities and the activities of esterases and phosphatases would be in order.

Material and methods

The investigations were performed on a total of 40 white Wistar rats of either sex. The animals were divided into 5 individual groups each consisting of 8 animals. The experimental animals were sacrificed by decapitation, and the brains were immediately removed and subjected to histoenzymatic investigations.

For determination of respiratory enzyme activity sections 12 μ in thickness were cut in a cryostat. The material assigned for esterase and phosphatase assay was fixed at 4°C for 18 hours in the Baker solution. A part of the fixed experimental material was embedded in paraffine.

The degree of myelination and glial cytology was judged using the method of Klüver-Barrera and H + E performed on paraffine slices, and applying the method of Spielmeyer on frozen sections.

The following oxidoreductase activities were assayed:

glycerol-3-phosphate dehydrogenase (1-glycerol-3-phosphate: NAD oxidoreductase — E. C. 1.1.1.8) — incubation time 20 min.,

lactate dehydrogenase — LDH (1-lactate: NAD oxidoreductase — E. C. 1.1.1.27) — incubation time 50 min.,

3-hydroxybutyrate dehydrogenase (D-3-hydroxybutyrate: NAD — oxidoreductase — E. C. 1.1.1.30) — incubation time 60 min.,

glucose-6-phosphate dehydrogenase (D-glucose-6-phosphate: NAD-P-oxidoreductase — E. C. 1.1.1.49) — incubation time 30 min.,

succinate dehydrogenase (succinate: acceptor-oxidoreductase — E. C. 1.3.99.1) — incubation time 30 min.,

threo-D-5-isocitrate: NAD — E. C. 1.1.1.41 (decarboxylating-iso-citric-dehydrogenase) — incubation time 35 min.,

reduced NADP: tetrazolium dehydrogenase (reduced NADP: acceptor-oxidoreductase — E. C. 1.6.99.1) — incubation time 30 min.,

reduced NAD: tetrazolium dehydrogenase (reduced NAD: acceptor-oxidoreductase — E. C. 1.6.99.3) — incubation time 35 min.

For detection of the individual dehydrogenases — the basal incubation medium recommended by PEARSE (1960), and containing the Nitro BT tetrazolium salt, together with the appropriate substrates prepared according to NIWELIŃSKI (1963) was used.

Fixed sections, 15 μ thick were used for detecting the following enzyme activities: acid phosphatase (acP, orthophosphoric monoester phosphohydrolase — E. C. 3.1.3.2), alkaline phosphatase (alkP — orthophosphoric monoester phosphohydrolase — E. C. 3.1.3.1) — using the technique of GOMORI (1953).

The activity of thiamine pyrophosphatase (TPP-ase, thiamine phosphate pyrophosphorylase — E. C. 2.5.1 a) was assayed with the method of NOVIKOFF and GOLDFISCHER (1961).

Adenosine triphosphatase (ATP-ase, ATP-phosphohydrolase — E. C. 3.6.1.3) was determined with the aid of the method of Wachstein and Meisel (1957).

The unspecific esterase (carboxylic ester hydrolase — E. C. 3.1.1.1) was investigated with the method of BARNETT and SELIGMANN (1951) as modified by HOLT (1956).

Acetylcholinesterase (AChE, acetylcholine hydrolase — E. C. 3.1.1.7) and the unspecific cholinesterase (ChE, acylcholine acylhydrolase — E. C. 3.1.1.8) were determined with the aid of the method of Koelle as modified by GEREBTZOFF (1953).

For further details in the methodology of histoenzymatic procedures applied in the phosphatases and esterases assays the readers are referred to our previous publication (WENDER and KOZIK, 1968).

Results

Myelin and cytological staining. In preparations of the white matter, derived from 8 and 17 day old animals and stained with the methods of Klüver-Barrera and with H + E, the appearance of myelination gliosis in the white matter of the rhinencephalon and later in the cerebral hemispheres and corpus callosum was visible. Within these areas there were glial cells of various degrees of maturation, i.e. spongioblasts, intermediate forms and immature oligodendrocytes and astrocytes.

Myelination of the nerve fibres was incomplete in preparations from the 8 and 17 day old animals, and only preparations from 40 day old animals showed completed myelination which could not be distinguished from that in adult animals (60 days old).

Glycerophosphate dehydrogenase. No activity of glycerophosphate dehydrogenase could be evidenced in the white matter neuroglia of 1, 8 and 17 days old animals. A strongly positive reaction was visible only in capillary walls, in the ependymal cells and in the choroid plexus. A weakly positive reaction was also observed in matrix cells and in axons of nerve fibres. A distinct activity of glycerophosphate dehydrogenase in the white matter neuroglia, mainly in the oligodendrocytes, was not detected before the 40th day of life, and was also visible in the 60 day old animals, particularly in

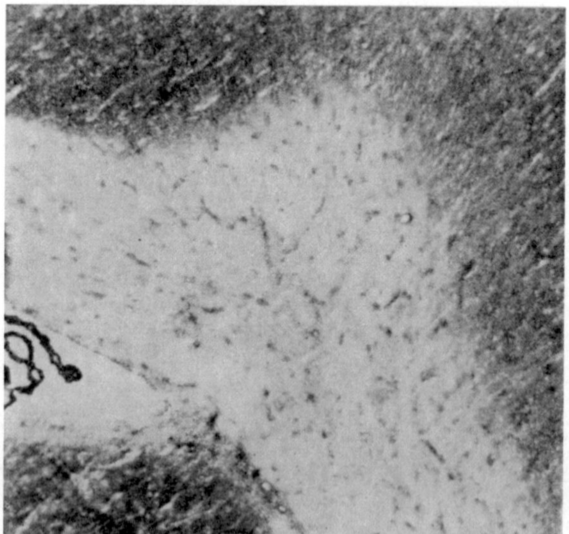

Fig. 1. White rat — 60 days old. Some of the neuroglia cells in the corpus callosum display glycerophosphate dehydrogenase activity. × 48.

many of the interfascicular neuroglia (Fig. 1). There was no enzyme activity demonstrable in the myelin sheaths of nerve fibres.

Lactate dehydrogenase. The neuroglia of the white matter of 1 and 8 day old animals did not exhibit any LDH activity. However in this period of extrauterine development of the brain—a positive LDH-reaction was found in the matrix and ependymal cell layers as well as in epithelial cells of the choroid plexus. 17 day old animals displayed a somewhat different LDH spectrum, a part of the neuroglial cells exhibiting a positive LDH-reaction but without any detectable relation to the myelination gliosis. In the next experimental group—the 40 day old animals—this enzymatic reaction showed a more generalized distribution

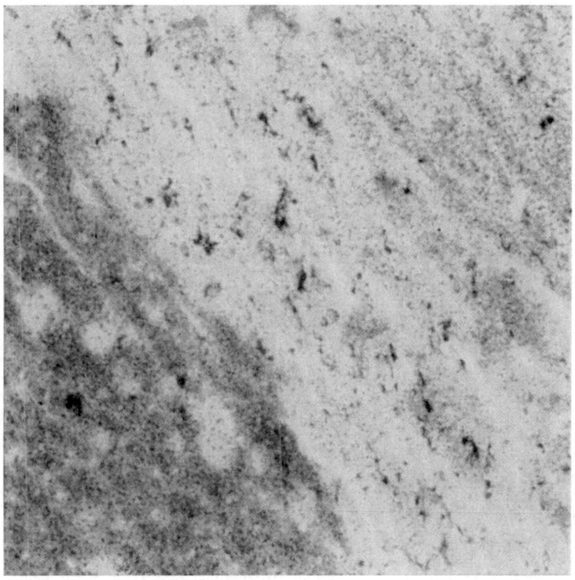

Fig. 2. White rat—40 days old. Lactate dehydrogenase activity in the neuroglial cells of corpus callosum. ×110.

(Fig. 2). In the 60 day old animals—a positive LDH reaction was displayed also by numerous cells of the interfascicular oligodendroglia and astrocytes. A microgranular reaction was seen in the axons of nerve fibres, during all investigated periods of development. Myelin appeared free of LDH activity.

Hydroxybutyrate dehydrogenase. The neuroglia of the white matter of 1 and 8 day old animals lacked any enzyme activity. Instead, a strong hydroxybutyrate activity was present in the epithelial cells of the choroid plexus and in ependymal cells. Matrix cells showed only a weak staining at this stage of development.

In the 17 day old animals many cells of the white matter neuroglia demonstrated enzyme activity, which in 40 day old animals appeared more pronounced but also more diverse in intensity. In the group containing adult animals—a great number of neuroglial cells exhibited a positive intracytoplasmatic granular reaction corresponding to hydroxybutyrate dehydrogenase activity. Such a reaction was seen only in a part of interfascicular neuroglial cells.

The axons of nerve fibres display a fine—grained staining throughout all stages of development, whereas in the myelin there is no hydroxybutyrate dehydrogenase activity demonstrable.

6-glucose-phosphate dehydrogenase. The developing neuroglia of 1, 8 and 17 day old animals lacked any 6-glucose phosphate dehydrogenase activity. A weakly positive reaction was visible in ependymal cells in the choroid plexus and in the layer of matrix cells.

In the next experimental groups including 40 and 60 day old animals, the enzyme activity was seen in a part of neuroglial cells of the white matter. Myelin spanning the whole period of development was devoid of any 6-glucose phosphate dehydrogenase activity. Instead, a granular reaction was present in the axons.

Succinate dehydrogenase. Ependymal cells as well as the choroid plexus of 1 day old animals exhibited succinate dehydrogenase activity. A faint reaction was visible also in the matrix layer. In the differentiating neuroglia of the white matter this reaction was negative, similarly as in the capillary walls. In the 8 day old animals the distribution of succinate dehydrogenase activity was very much the same as in the 1 day old ones. Only singular neuroglial cells of the white matter displayed some enzyme activity. In the next experimental group, comprising 17 day old animals, the activity of succinate dehydrogenase particularly in the corpus callosum could be demonstrated within a much greater number of neuroglial cells, without any preference to a given stage of differentiation. There was no special predilection of that enzyme activity to the clusters of myelination glia. The preparations from 40 day old animals, exhibited a positive reaction in the interfascicular oligodendroglia.

The succinate dehydrogenase distribution in the investigated structures of adult animals was very much like that in the former experimental group, being confined to the cytoplasm of oligodendroglial cells. The axons of all developmental stages showed a granular enzyme reaction, and as in the case of the other dehydrogenases was lacking in the myelin.

Isocitrate dehydrogenase. A positive isocitrate dehydrogenase activity was displayed by cells of the matrix, the choroid plexus and the ependyma of 1 day old animals. A fine—granular reaction was also seen in the axons of nerve cells but the neuroglia of the white matter was lacking any enzymatic activity. The 8 and 17 day old animals showed a similar enzyme distribution except for the appearance of that enzyme activity within the cytoplasm of singular neuroglial cells of the white matter, which obviously was more frequent in the 17 days old animals. There was no relation

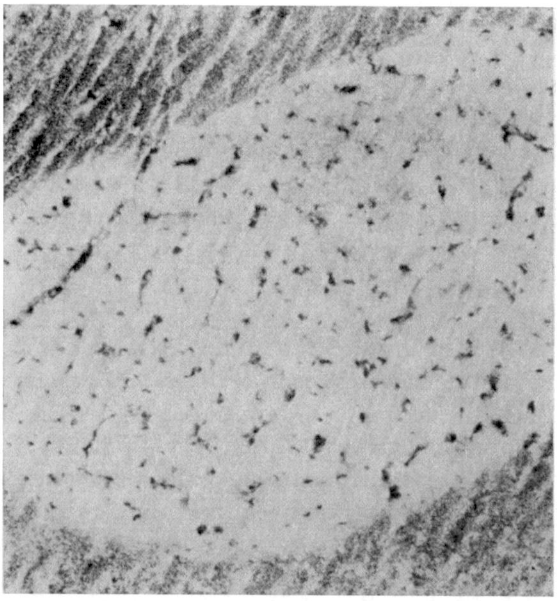

Fig. 3. White rat—40 days old. Isocitrate dehydrogenase activity in the cytoplasm of numerous neuroglial cells of the corpus callosum. ×100.

of isocitrate dehydrogenase distribution to myelination gliosis. In the older animals (40 and 60 day old rats) isocitrate dehydrogenase activity could be evidenced in the cytoplasm of numerous neuroglial cells (Fig. 3) of the white matter as well as in the axons, where a fine—grained reaction was seen. However, the myelin sheaths of the nerve fibres did not show any such activity.

NADP-H_2-tetrazolium dehydrogenase. The investigations concerned with that enzyme activity in the developing white matter of the rat have revealed that in the early period of extrauterine development of the brain, i.e. in 1 and 8 day old animals a positive NADP-H_2-tetrazolium dehydrogenase activity was demonstrable only in the matrix and in the ependymal cells, as well as in the choroid plexus. The axons demonstrated only a very weak, fine grained reaction. This enzyme activity appeared in the white matter neuroglia but only in singular cells as late as the 17th day of extrauterine development, to become more generalized in the interfascicular neuroglia of the white matter until the animals reached the age of 40 and 60 days. The myelin of nerve fibres remained negative throughout the whole period of investigation.

NADH: tetrazolium dehydrogenase. The overall distribution and activity of the NADH: tetrazolium dehydrogenase during the investigated period of development was like that for NADP-H_2 enzyme with only minor differences. In the earliest studied period of development, i.e. in animals 1 and 8 days old—a strongly positive reaction was seen in ependymal cells, and in epithelial cells of the choroid plexus, and only a weak staining was evident in the matrix cells. The myelin sheaths as well as the neuroglial cells of the white matter appeared unstained. However, the preparations from 17 and 40 day old animals already demonstrate a strikingly strong reaction present in the majority of neuroglial cells of the white matter, to further increase in the preparations of 40 day old animals.

In the 60 day old animals, also a considerable part of the interfascicular oligodendroglial cells showed a positive reaction. The reaction in the myelin sheaths of nerve fibres was in this instance, like in other oxidoreductases studies, also negative.

Acid phosphatase. Brain sections from 1-day old animals demonstrated a faint staining forming singular intracytoplasmatic grains present only in singular cells of the immature neuroglia of the corpus callosum and of the white matter in the rhinencephalon. In preparations from 8-day old animals the strongest activity was seen within the myelination clusters of the neuroglia. The same was noted in most neuroglial cells of 17 day old animals, but the intensity of reaction differed from cell to cell, without showing any distinct relation to their morphology (Fig. 4). In the next age groups —consisting of 40 day old animals—a generalized reaction was seen in the cytoplasm of the interfascicular oligodendroglia. However, when compared with the period of myelination gliosis, the activity appeared distinctly decreased. In adult animals—a positive reaction in the white matter neuroglia was seen only exceptionally.

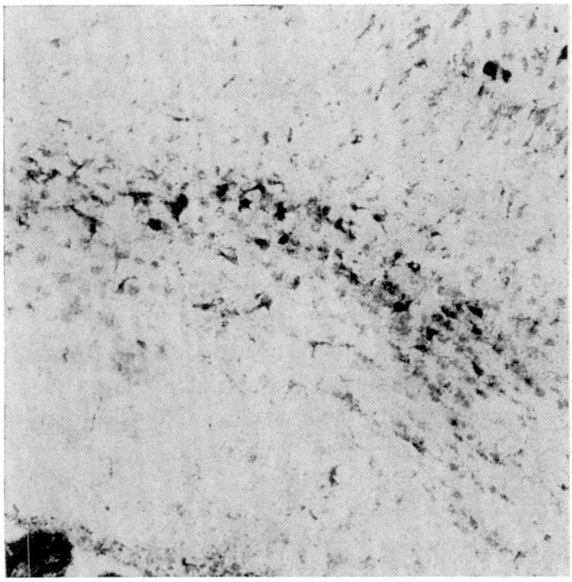

Fig. 4. White rat—17 days old. Clusters of developing neuroglia during the myelination period showing a distinct phosphatase activity in the corpus callosum. ×110.

Capillary walls, the walls of larger blood vessels and ependymal cells—all demonstrated a positive acP activity throughout the whole extrauterine period of development.

This enzyme activity could not be demonstrated in the nerve fibres. In the earliest periods of rat brain development—some acP activity was present also in the matrix cells.

Alkaline phosphatase. A positive reaction for alkaline phosphatase was displayed by epithelial cells of the choroid plexus and by the ependymal layer of all investigated age groups. In the early period of development (1, 8 and 17 day old animals) alkaline phosphatase activity was observed also in cells of the matrix layer. Some of the white matter neuroglial cells during myelination gliosis (8 and 17 day old animals) and the mature interfascicular oligodendroglia and the astroglia also demonstrated a weakly positive reaction.

40 and 60 day old animals lacked any alkP activity. A slight diffuse reaction was seen only in myelin fibres.

TPP-ase. A part of the white matter neuroglia cells in the hemispheres showed a positive reaction for TPP-ase already in 1 day old animals. The same was seen in the ependymal layer and in blood vessel walls.

The activity in the neuroglia was markedly increased in 8 and 17 day old animals, particularly within the neuroglial clusters which are characteristic for this period of myelination gliosis. The reaction product was located intracytoplasmatically and showed a granular and lamellar appearance.

In the next age group, i.e. in 40 day old animals, the reaction in the maturating oligodendroglia was much weaker and was seen only in a part of cells. Instead a distinct TPP-ase activity became visible within the perivascular feet of astrocytes. This picture became especially explicit in appearance in the adult animals, where the interfascicular oligodendroglia lacked any enzyme activity, instead an intense reaction was seen in the astroglia together with its perivascular feet yielding a very characteristic picture (Fig. 5).

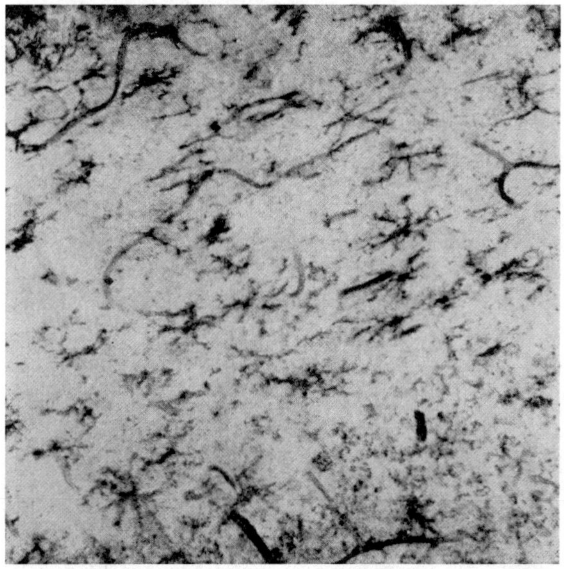

Fig. 5. White rat—60 days old. TPP-ase activity in the astroglia and its perivascular feet. ×120.

ATP-ase: In 1 day old animals ATP-ase activity was demonstrable in the matrix cells. The immature white matter neuroglia as well as blood vessel walls exhibited an intracytoplasmatic microgranular reaction. The reaction appeared distinctly increased in the next age group, i.e. in 8-day old animals. At this time of development, there was also a faint ATP-ase activity demonstrable in the perivascular feet of astrocytes. In the maturating oligodendroglia of 17 (Fig. 6) and 40 day old animals, ATP-ase activity was obviously lowered whereas astrocytes together with their perivascular feet of 40 day old and adult animals

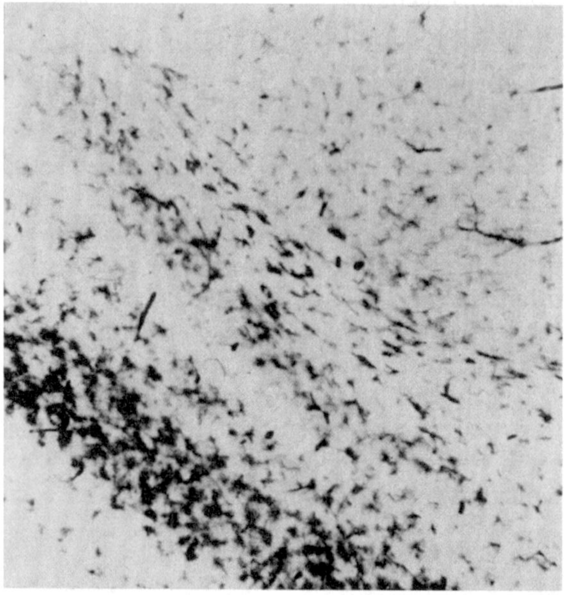

Fig. 6. White rat—17 days old. ATP-ase activity in cells of myelination gliosis. Corpus callosum. ×48.

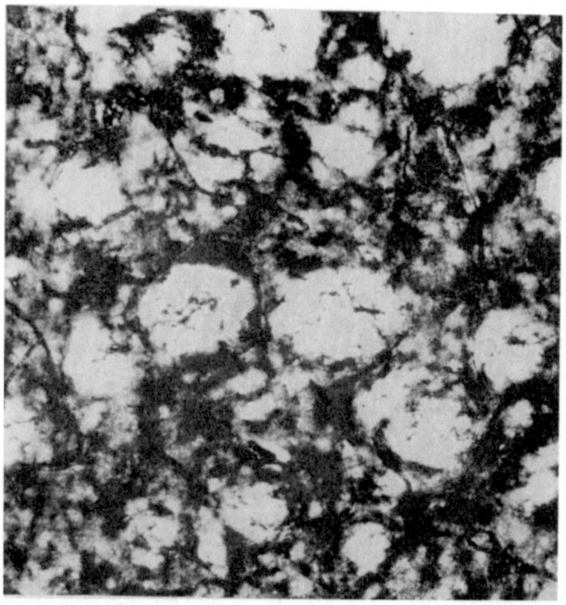

Fig. 7. White rat—40 days old. ATP-ase activity present in astrocytes and their vascular feet within nerve bundles of the internal capsule. ×110.

(60 days) displayed a much more intense reaction (Fig. 7). At this time of development ATP-ase activity was also seen within the blood vessel walls. The myelin sheath however was free of any activity.

Nonspecific esterase: In the hemisphere white matter unspecific esterase activity was seen in form of few, loosely distributed granules or rods among the nerve fibres. 1 and 8 day old animals displayed esterase activity located intracytoplasmatically in cells of the matrix layer, in ependymal cells and in the choroid plexus. The developing neuroglia was free of any enzymatic activity.

In 17 day old animals esterase activity was demonstrable along the nerve fibres, and also in the maturating neuroglia, showing there a diffused staining, with a distinct accentuation within myelination clusters. In 40 day old animals as well as in the adults, after termination of myelination—the reaction remained unchanged with respect to nerve fibres, but disappeared entirely from the neuroglia.

Acetylcholinesterase. The developing neuroglia: spongioblasts as well as oligodendroblasts of the white matter of 1 and 8 day old animals lacked any AChE activity. However a positive reaction was seen in blood vessel walls, but the reaction in epithelial cells of choroid plexus was negative. Even during the intense myelination gliosis seen in 17 day old animals (Fig. 8) and also in the adults the neuroglia remained free of any AChE activity.

Unspecific cholinesterase. Like in the case of acetylcholinesterase, no unspecific cholinesterase activity could be demonstrated in the developing neuroglial cells throughout the whole period of

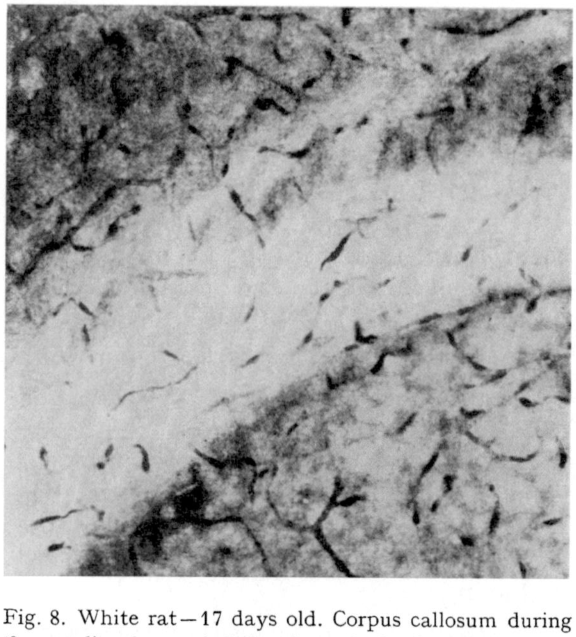

Fig. 8. White rat—17 days old. Corpus callosum during the myelination period showing a lack of AChE activity in the neuroglia. ×110.

observation i.e. from birth up to the adult. This enzymatic activity however could be demonstrated in blood vessel walls as early as the first day of extrauterine development, and remained there throughout the whole period of development inclusive the adult age. Nerve fibres acquired unspecific cholinesterase activity at the time of myelination gliosis, which then increased together with progressing myelinogenesis up to the adult age (40 and 60 day old animals).

Discussion

In our previous papers dealing with histoenzymology of the developing human and animal brains (white mice, rabbits) we have been able to demonstrate that at the time of myelination gliosis parallel to differentiation of the immature neuroglia—the glial cells exhibit increased ATP-ase, TPP-ase and acP-activities. This increased enzymatic activity correlates evidently with the period of myelination and declines or even disappears entirely in the interfascicular oligodendroglia during later developmental stages.

The particularly intense histochemical reaction displayed by the neuroglial cell clusters irregularly dispersed in the white matter at the early period of extrauterine development preceding myelinogenesis should be pointed out. Our present investigations in the white rat show a similar distribution of phosphatase and esterase activities, which were preferentially located in cells undergoing myelination gliosis. However, the fact that either during myelinogenesis or in the period immediately preceding myelination none of the investigated oxidoreductase activities were demonstrable in neuroglia is rather unexpected. The respiratory enzyme activities show obviously some changes during the extrauterine development of the brain, but these, independently of some individual variations between the respective enzymes, seem to be related to maturation processes in the neuroglia itself rather than to the myelination of nerve fibres.

The question of oxidoreductase activities in neuroglial cells and in the myelin was the subject of the investigations yielding partially controversial results. The most important findings in this respect have been summarized in a review by Adams (1965), and thus only the most relevant data will be referred to.

According to observation of Friede (1961) myelination of nerve fibres is accompanied by an increase in the $NADH_2$-tetrazolium reductase activity within the oligodendroglia concomitant with morphological hypertrophy of these cells.

Observations made by Yonezawa et al. (1962) on tissue cultures indicate that during myelinogenesis considerable changes in the activity and distribution of the succinate dehydrogenase, the NADP-H_2 and NAD-H_2 dehydrogenases may be observed in the oligodendroglial and Schwann cells.

According to Friede (1965), dehydrogenases linked to the pentose cycle show much higher activities in the oligodendroglia than do the respective enzymes of the Krebs cycle. In the opinion of Adams (1965) this could indicate a special importance of the pentose cycle for metabolic processes securing myelination, particularly for fatty acid biosynthesis.

Because of different experimental conditions under which our investigations were made we cannot regard our results as entirely controversial with those obtained by the above mentioned authors. However, in our experiments conducted on developing rat brains, we were unable to demonstrate cells displaying a hyperactive reaction either with respect to oxidoreductases acting in the pentose or in the Krebs cycle. Instead, at this stage of development, the different phosphatase activities were significantly enhanced.

Contrary to the oligodendroglia which showed a vivid enzymatic activity, myelin was rather poorly equipped in this respect. In our previous investigations on the developing mouse brain (Wender and Kozik, 1968) we have found unspecific cholinesterase and aryl-sulphatase activities appearing in nerve fibres during myelination and remaining there also in the mature brain. Similar observations were made on the developing myelin of the rabbit brain (Wender and Kozik, 1969). Our present investigations performed on the developing rat brain revealed that in the myelin, both at the stage of myelinogenesis and in adult brain, there is the unspecific cholinesterase but no respiratory enzyme activity to be found. This observation is well in keeping with the results of histoenzymatic investigations in the white matter presented by Adams et al. (1963).

Supported by NIH PL. 480.
(No of problem 05—027—1.)

Summary

Histochemical investigations of numerous enzyme activities at different developmental stages of the rat brain were performed.

The observations made, lead to following conclusions:

1. At the time of myelination gliosis — a marked increase in the activities of several phosphatase (acP, ATP-ase, TPP-ase) is observed. These activities disappear gradually during further development.

2. Changes in the respiratory enzyme activities of the neuroglia connected with the glycolytic, pentose and tricarboxylic shunts could not be correlated either with the time immediately preceding or that of actual myelinogenesis.

3. The appearance, followed by intensification of respiratory enzyme activity in the neuroglia, especially in the oligodendroglial cells is coincident with extrauterine maturation of the white matter. The white matter neuroglia retains its respiratory enzyme activity until the adult stage.

4. In the myelin, there is no respiratory enzyme activity detectable, neither in maturating brains at the time of myelinogenesis nor in adult animals.

References

ADAMS, C. (editor): Neurohistochemistry, Elsevier, Amsterdam, 1965.

ADAMS, C., A. DAVISON and N. GREGSON: Enzyme inactivity of myelin. Histochemical and biochemical evidence. J. Neurochem. **10**, 383—395 (1963).

BARNETT, R., und A. SELIGMANN: Histochemical demonstration of esterases by production of Indigo. Science **194**, 2970—2971 (1951).

FRIEDE, R.: A histochemical study of DNP-diaphorase in human white matter with some notes on myelination. J. Neurochem. **8**, 17—30 (1961).

FRIEDE, R.: Enzyme histochemistry of neuroglia. In: Biology of neuroglia pp. 35—47, ed. E. De Robertis, Elsevier, Amsterdam, 1965.

GEREBTZOFF, M.: Recherches histochimiques sur les acétylcholine et choline estérases. Acta Anat. **19**, 336—369 (1953).

GOMORI, G.: Microscopic histochemistry. The University of Chicago Press., Chicago, 1953.

HOLT, S.: The value of fundamental studies of staining reactions enzyme in histochemistry, with reference to indoxyl methods for esterases. J. Histochem. Cytochem. **4**, 94—99 (1956).

NIWELIŃSKI, J.: Dehydrogenazy. In: Skrypt Metod Histochemicznych, Warszawa, 1963, 177—198.

NOVIKOFF, A., und B. GOLDFISCHER: Nucleoside diphosphatase activity in the Golgi apparatus and its usefulness for cytological studies. Proc. Nat. Acad. Sci. **47**, 802—810 (1961).

PEARSE, A.: Histochemistry, theoretical and applied. London, Churchill Ltd., 1960.

ROBACK, H. und H. SCHERER: Über die feinere Morphologie des frühkindlichen Gehirns unter besonderer Berücksichtigung der Gliaentwicklung. Virchows Arch. path. Anat. **294**, 365—413 (1935).

WACHSTEIN, M., and E. MEISEL: Histochemistry of hepatic phosphatases of a physiologic pH, with special reference to the demonstration of bile canaliculi. Amer. J. Clin. Pathol. **27**, 13—23, (1957).

WENDER, M., and M. KOZIK: Histochemistry of cerebral white matter in relation to myelination of mouse brain. J. Hirnforsch. **10**, 83—92 (1968).

WENDER, M., M. KOZIK and M. OWSIANOWSKI: A histoenzymatic study of neuroglia during myelination of the rabbit brain. Folia Histochem. Cytochem. **7**, 135—150 (1969).

WENDER, M., and M. KOZIK: Contribution to the histoenzymatic changes in multiple sclerosis. Acta neuropath. (Berlin) **13**, 143—148 (1969).

WENDER, M., M. KOZIK and O. MULAREK: Cytochemistry of developing neuroglia with special reference to the period of myelination. VIe Congrès Internat. Neuropath., Comptes Rendus, Paris, 1970, 411—412, Masson et Cie.

WENDER, M., M. KOZIK and T. WOJCIECHOWSKI: Contribution to the enzyme histochemistry of the cerebral white matter in the developing human brain. Biol. Neonate **15**, 8—18 (1970).

YONEZAWA, T., M. BORNSTEIN, E. PETERSON and M. MURRAY: Histochemical study of oxidative enzymes in myelinating cultures of central and peripheral nervous tissue. J. Neuropath. exp. Neurol. **21**, 479—487 (1962).

The authors' address:

Prof. Dr. M. WENDER,
Doz. Dr. M. KOZIK
Department of Neurology, Medical Academy
Poznań, Poland
49, Przybyszewskiego St.

Buchbesprechungen

ANTRUM, H., R. JUNG, W. R. LOEWENSTEIN, D. M. MACKAY, H. L. TEUBER (Herausgeberstab):

Handbook of Sensory Physiology. Vol. I: Principles of Receptor Physiology. 600 S., 262 Abb., Kunstleinen. Springer-Verlag Berlin, Heidelberg, New York, 1971. DM 168,—

In vorliegendem Werk, das eine beabsichtigte Serie von 12 Bänden über die Biologie der Rezeptoren bzw. Rezeption und der Perzeption eröffnet, sind in 17 Kapiteln von 22 namhaften Spezialisten wichtige Aspekte der allgemeinen Rezeptorenbiologie, teilweise in vergleichend-physiologischer und -morphologischer Sicht abgehandelt. Es ging dem für diesen Band verantwortlich zeichnenden Herausgeber (W. R. LOEWENSTEIN) als Mitglied des Herausgeberstabes des Gesamtwerkes nicht in erster Linie um ein Lehrbuch oder Nachschlagewerk. Während nämlich die Mechanorezeption mehrfach beschrieben wird, besonders ausführlich dabei die Funktion des Paccini'schen Körperchens, der Muskelspindel und der Haarzellen sind die Fotorezeptoren in diesem Band trotz ihrer zweifelsohne großen Wichtigkeit auch für die Prinzipien der allgemeinen Rezeptorphysiologie und trotz des reichlich vorhandenen experimentellen Materials weniger gründlich behandelt. Auch stehen in fast allen Kapiteln die makro- und die molekularbiophysikalischen Seiten der Rezeptorfunktion im Vordergrund. Der Leser wird es dem ersten Band jedoch zugute halten, daß er an Modellfällen eine tiefergehende Einsicht in die Rezeptorleistung überhaupt vermittelt. Der Verzicht modellhafter Erläuterungen der Rezeptorleistungen anhand der Interozeption (die in einem der folgenden Bände abgehandelt werden soll), wird der Leser daher nicht so sehr vermissen. Durch die meisten Kapitel zieht sich der Gedanke der Analogie zum technischen Meßwertwandler, vor allem in Bezug auf die Mechanotransduktion.

Dem entspricht der Aufbau des ersten Kapitels (KACHALSKI, OPLATKA), wo über kontraktile Modelle und mechanochemische Maschinen geschrieben und die mechanochemische Umwandlung unter dem Gesichtspunkt der Thermodynamik erörtert wird. Das folgende Kapitel von *Nachmansohn* ist wohl das einzige, das den biochemisch-pharmakologischen Aspekt berücksichtigt, und zwar bei der Rezeptorfunktion der subsynaptischen Membran bei der Übertragung der Nervenerregung. Die folgenden Seiten werden der Elektrophysiologie der erregbaren Membranen und der Formierung neuronaler Verbindungen gewidmet (TAUC, GRUNDFEST, JACOBSON). LIPETZ betrachtet die Beziehungen zwischen Reizstärke, Amplitude der neuronalen elektrischen Aktivitäten und der subjektiven Empfindungsstärken an einigen sensorischen Systemen (auditives, gustatorisches, visuelles). LOEWENSTEIN, TEORELL und GOLDMANN erläutern in ihren Beiträgen ausführlich die mechanoelektrische Transduktion, wobei man bei TEORELL die elektrokinetische Theorie der Entstehung von Potentialen an der erregbaren Membran herausgehoben findet. Sie rückt, im Gegensatz zum *Hodgkin-Huxley*-Modell der Membranpermeabilitätsänderungen die Beeinflussung der viscoelastischen Eigenschaften der mechanorezeptiven Membranen und das physikochemische Modell des ,,Membranoszillators" in den Blickpunkt. Die folgenden zwei Kapitel befassen sich mit einigen elektrophysiologischen Fragen der Lichtrezeption (z. B. frühes negatives Potential, Fototaxis) (CONE, PAK, FEINLEIB, CURRY). Dann wird noch einmal auf die Mechanotransduktion (Haarzellen, Muskelspindelfeinbau und -funktion, statisches und dynamisches Verhalten von Dehnungsrezeptoren bei Crustaceen eingegangen (FLOCK, OTTOSON, SHEPHERD, TERZUOLO, KNOX). Ein ausschließlich mikromorphologisch ausgelegtes Kapitel von Munger (Organisationsmuster peripherer Rezeptoren) schließt den Band ab. Ein Sachwort- und Autorenregister erleichtert die Arbeit mit dem Buche.

W. RÜDIGER,

WACKENHEIM, A., C. H. U. DE STRASBOURG and J. P. BRAUN, C. H. R. COLMAR (France)

„Angiography of the Mesencephalon". Normal and Pathological Findings.

Die beiden gut bekannten Autoren, A. WACKENHEIM und J. P. BRAUN fassen ihre jahrelangen Erfahrungen auf dem Gebiet der Angiographie des Mesencephalon zusammen und legen ihre Ergebnisse in Form eines Atlasses nieder, wobei Arterien, Kapillaren und Venen berücksichtigt werden. Einem Literaturüberblick schließt sich im 1. Hauptteil die Darlegung der Befunde der normalen Röntgen-Diagnose auf der Basis der normalen Angiographie an. Der 2. Hauptteil befaßt sich mit röntgenologischen Veränderungen an Arterien, Kapillaren (Kapillarographie) und Venen auf Grund von Tumoren der Pinealregion im Bereich des posterioren Thalamus und der Pedunculi cerebri oder des Spleniums. Weiterhin werden die Gefäßveränderungen vorgestellt, die ihre Ursache in einem Ependymom des III. Ventrikels, einem Meningeom des Tentoriums, in Aneurysmen der mesencephalen Region, in arteriovenösen Aneurysmen oder in einem aktiven Hydrocephalus haben.

Der Textteil umfaßt 50 Seiten, der vorzügliche, durch Skizzen ergänzte Bildteil 100 Seiten. Die beiden Autoren weisen nachdrücklich auf die Bedeutung der Angiographie des Mesencephalon hin und räumen ihr einen ihr zweifellos gebührenden Platz ein. Dieses gelungene Werk spricht sowohl Neuroanatomen als auch Neurophysiologen und Neuropathologen im weitesten Sinne an und wird ihnen zu einem unentbehrlichen Helfer werden.

W. WÜNSCHER, Leipzig

FISCHER, H.,

Vergleichende Pharmakalogie von Überträgersubstanzen in tiersystematischer Darstellung. Handbuch der experimentellen Pharmakologie Heffter-Heubner. New Series. Herausgegeben von O. Eichler, A. Farah, H. Herken, A. D. Welch. Band XXVI: 261 Abb., 1074 Seiten. 1971. Gebunden DM 148,— ; US $ 40.70. Berlin—Heidelberg—New York: Springer-Verlag

Bekanntlich wächst das Schrifttum zu Fragen der Überträgersubstanzen im Nervensystem in Anbetracht der Bedeutung dieses Forschungsgebietes lawinenartig. Dabei überwiegen Arbeiten zur Analyse der Funktion der Überträgersubstanzen bei verschiedenen Tierarten einschließlich molekular-biologischer Erkenntnisse. Diese Problematik ist jedoch nicht Gegenstand der umfangreichen Monographie, die deshalb auf über 1000 Seiten lediglich 8 chemische Formeln enthält. Vielmehr wird hier in umfassender Weise erstmalig ein ausgezeichneter Überblick zur vergleichenden Pharmakologie der Überträgersubstanzen gegeben, wobei die Darstellung nach tiersystematischen Gesichtspunkten erfolgt.

Das Ziel des Buches liegt außerhalb des Wissensbereiches der klassischen Pharmakologie, indem der Versuch unternommen wird, aufgrund einer tiersystematischen Darstellung der Funktionen der Überträgersubstanzen zur Aufdeckung interessanter Wechselbeziehungen zur Ontogenese und Phylogenese zu gelangen, um stammesgeschichtliche Wandlungen in der Funktion der Überträgersubstanzen aufzuzeigen. Dabei wird darauf hingewiesen, daß die Feststellung von charakteristischen Unterschieden in der Funktion von Überträgerstoffen von Tierstamm zu Tierstamm nicht unter allen Umständen in Beziehung zur Evolution stehen muß. Abgesehen davon ist jedoch der Nachweis von verschiedenen Wegen bei der Realisierung von Überträgerfunktionen bei verschiedenen Tierstämmen von erheblicher Bedeutung im Rahmen der neurobiologischen Grundlagenforschung. Es wird darauf hingewiesen, daß die Aufklärung der als Überträgerstoffe angesehenen Substanzen noch nicht so weit fortgeschritten ist, daß in allen Fällen eine Beziehung zum neuralen Prozeß erkennbar wird. Auf diese hier bestehenden großen Unsicherheiten wird ebenso hingewiesen wie auf die Wahrscheinlichkeit der Entdeckung vorläufig noch unbekannter Stoffe als Überträgersubstanzen.

Im Rahmen der tiersystematischen Darstellung wurden die am vegetativen und cerebrospinalen Nervensystem und am Muskelsystem wirksamen Stoffe dargestellt, deren Funktionen bei zahlreichen Wirbellosen und Wirbeltieren gut bekannt sind. Im Mittelpunkt der Darstellung steht der Acethylcholinkreis, da hier die umfassendsten Kenntnisse vorliegen. Es folgen die Catecholamine unter Einschluß von Dopamin, ferner das 5-Hydroxytryptamin, der Hemmstoff I von Florey, die γ-Aminobuttersäure, die Glutaminsäure, das Glycin sowie weitere aktive Aminosäuren und das Histamin.

In allen Abschnitten des Werkes wird die Verbindung zu Nachbardisziplinen aufgezeigt. Dabei geht der Autor von der richtigen Erkenntnis aus, daß die vergleichende Pharmakologie der Überträgersubstanzen morphologische, physiologische und Kenntnisse der speziellen Zoologie voraussetzt. Aus diesem Grunde werden morphologische und physiologische Grundlagen in einem erfreulich breiten Raum aufgenommen. Hinzukommen 261 sehr gut ausgewählte instruktive Abbildungen. Die Aufnahme eines Überblicks zur Systematik der Tiere sowie die Wiedergabe zahlreicher Stammbäume verschiedener Tiergruppen weist darauf hin, daß der Autor der modernen Entwicklung biologischer Forschung im Sinne einer multidisziplinären Gesamtschau in hervorragender Weise Rechnung trägt. Das Buch zeigt ferner, daß im Zeitalter der Elektronenmikroskopie und Molekularbiologie auch klassische Disziplinen, wie die Tiersystematik, ihre Existenzberechtigung haben. Durch diese Darstellung nach tiersystematischen Gesichtspunkten ist das Buch keineswegs „unmodern" sondern zeigt vielmehr, daß die Zusammenfassung von verschiedenen Disziplinen im Rahmen einer synthetischen Betrachtungsweise zu grundlegend neuen, in die Zukunft weisenden Erkenntnissen führt. Selbstverständlich müssen, wie der Autor betont, die in diesem Werk behandelten Probleme im Hinblick auf den gegenwärtigen Stand der Forschung zunächst fragmentarisch bleiben. Mit aller Deutlichkeit werden die zahlreichen Lücken unseres Wissens an vielen Stellen des Werkes aufgezeigt; jedoch auch darin liegt der Wert dieser Monographie, die damit zu weiterer Forschung anregt.

Das hervorragend ausgestattete Werk schließt eine empfindliche Lücke im Schrifttum. Es zeigt in überzeugender Weise den Wert einer vergleichenden Betrachtungsweise auf, die uns zu neuen Kenntnissen der großen biologischen Zusammenhänge führt. Hiervon zeugen die letzten Kapitel des Werkes mit der ausgezeichneten Darstellung der Probleme der vergleichenden taxonomischen und phylogenetischen Pharmakologie sowie der Erörterung der Beziehungen zwischen Pharmakologie und biogenetischer Grundregel, zwischen vergleichender Pharmakologie und vergleichender Morphologie bzw. Physiologie und schließlich zwischen vergleichender Pharmakologie und Evolution der Tiere. Besonders diese Abschnitte zeugen von dem Bestreben des Autors, die kaum übersehbaren Einzelergebnisse der Pharmakologie mit umfassenden biologischen Gesetzmäßigkeiten zu koordinieren, um so zu einer synthetischen Gesamtschau zu gelangen. Die Lektüre des Werkes läßt die Forscherfreude über den Erkenntnisgewinn im Rahmen der vergleichenden Neuropharmakologie erkennen, wobei der Autor abschließend hervorhebt, daß er „über die mannigfaltige Schönheit der belebten irdischen Natur in ein um so tieferes Staunen gerät". Das Werk ist für Vertreter der Neuropharmakologie, Neurophysiologie, Neurobiochemie, Neuromorphologie, der vergleichenden und systematischen Zoologie und der Evolutionsforschung gleichermaßen von Bedeutung. Für alle neurobiologisch arbeitenden Forschungsgruppen ist diese umfassende Monographie ein unentbehrlicher Ratgeber.

W. Kirsche, Berlin

DIETZ, HERMANN:

Die frontobasale Schädelhirnverletzung —

Klinisches Bild und Probleme der operativen Behandlung.

(Monographien aus dem Gesamtgebiete der Neurologie und Psychiatrie, Heft 130). 31 Abb., 21 Tab. XI, 165 Seiten. Springer-Verlag Berlin—Heidelberg—New York 1970. Geheftet DM 58.—.

Ausgehend von einer Kennzeichnung der Besonderheiten der frontobasalen Schädelhirnverletzung im Rahmen der immer größer werdenden Zahl von Kopftraumen werden Klinik, operative Behandlungsmöglichkeiten und Operationsmethoden im Überblick nach dem aktuellen Stand beschrieben. Im zweiten Teil der Monographie folgt eine entsprechende Auswertung des eigenen Krankengutes des Autors.

Der Zielrichtung des Heftes entsprechend, werden morphologische Grundlagen nicht ihrer selbst wegen abgehandelt. Sie stellen aber Basis und Bezugspunkte aller Überlegungen dar. In bestem Sinne klassisch-neurologischen Denkens steht die Zuordnung funktioneller Gegebenheiten und ihrer Ausfallssyndrome zum zerebralen Korrelat im Vordergrund. Das wird besonders deutlich bei der Abgrenzung der Orbitalhirnschädigung, die den Verf. veranlaßt, eine knappe, prägnante Kennzeichnung der bekannten Auffassungen von KLEIST, SPATZ, KRETSCHMER und anderen Autoren seinen Ausführungen zugrunde zu legen. Die sich in diesem Zusammenhang ergebenden Abgrenzungen zwischen Orbitalhirnsyndrom, Syndrom der Stirnhirnkonvexität und Zwischenhirnsymptomatik treten klar hervor. Die psychoorganischen Störungen im Rahmen der eigenen Kasuistik werden jedoch nur knapp erwähnt und nicht weiter differenziert. Eine subtile neurologische Nachuntersuchung wäre sicherlich wesentlich ergiebiger gewesen. Der morphologisch nicht korrekte und sprachlich absurde Terminus ,,Arachnitis" hätte vermieden werden sollen. Die statistische Auswertung ergibt einen präzisen Überblick. Die Operationsindikationen wurden klar herausgearbeitet. Der eigene Standpunkt des Verf. wird überzeugend vertreten. Er geht von einer aktiven Einstellung aus und stellt das transfrontal-intradurale Vorgehen an die erste Stelle, weil es auf Grund der größtmöglichen Übersicht den meisten Formen frontobasaler Verletzungen am besten gerecht wird. Hervorzuheben ist das gründlich erarbeitete Literaturverzeichnis mit 1021 Titeln!

H. A. F. SCHULZE, Berlin

Contemporary Research Methods in Neuroanatomy

Editet by W. J. H. NAUTA and S. O. E. EBBESSON. 190 fig. VIII, 386 pp. 1970. Springer-Verlag, Berlin—Heidelberg—New York. DM 98,—; US $ 27.00

Der Band ist das Resultat einer internationalen Konferenz im Laboratory of Perinatal Physiology, die im Januar 1969 unter der Schirmherrschaft des National Institute of Neurological Diseases and Stroke und der Universität von Puerto Rico stattfand. Er enthält 14 Berichte führender Wissenschaftler aus Europa und den USA über den augenblicklichen Stand neuroanatomischer Untersuchungsmethoden. Hierbei fanden nicht nur neue Methoden Berücksichtigung, sondern auch eine Neuinterpretation von Resultaten, die durch traditionelle Methoden erhalten wurden. Interessant sind die vielen Hinweise auf neue Anwendungsmöglichkeiten für Standardtechniken bzw. auf Kombinationen traditioneller und moderner Verfahren.

Jedes Kapitel enthält nach einer kurzen historischen Einführung eine ausführliche Beschreibung der Methode, eine Diskussion des gesamten Anwendungsbereiches mit den entsprechenden Interpretationsmöglichkeiten. Eine Wiedergabe der sehr instruktiven Diskussionsbeiträge der 24 an der Konferenz beteiligten Wissenschaftler schließen die Kapitel ab. Das umfangreiche Literaturverzeichnis ist angemessen, die Abbildungen hervorragend.

Der große Gewinn des Buches liegt in der klaren und konzentrierten Darstellung der aktuellsten neuromorphologischen Methoden und ihrer Modifikationen, die sonst nur mit großem Zeitaufwand in den verschiedensten Zeitschriften verstreut zu finden sind.

Das Werk setzt so die Tradition der ,,New research Techniques of Neuroanatomy" fort, die in kürzester Zeit zu einem Standardwerk der Neuromorphologie wurde.

E. WINKELMANN, Berlin

Hinweise für Mitarbeiter

1. Es werden nur Arbeiten aufgenommen, die dem Publikationsgebiet der Zeitschrift angehören.

2. Es muß sich um wissenschaftlich wertvolle Arbeiten handeln, die neue und bisher unveröffentlichte Ergebnisse bringen. Arbeiten rein referierenden oder spekulativen Inhalts können in der Regel nicht aufgenommen werden.

3. Die Manuskripte sind, einseitig mit Schreibmaschine geschrieben, in druckfertiger Form einzureichen. Sie können in deutscher, englischer oder französischer Sprache abgefaßt werden.
Gewünschte Kursivschrift ist durch eine Wellenlinien-Unterstreichung zu markieren. Hervorhebung einzelner Worte durch gesperrte Schrift ist im Manuskript durch unterbrochene Unterstreichung, und für den Kleindruck vorgesehene Abschnitte sind im Manuskript durch ,,p" zu kennzeichnen. Fußnoten sind fortlaufend zu numerieren. Außer der üblichen Zusammenfassung soll noch eine weitere Zusammenfassung in englischer Sprache beigefügt werden. Bei englischen Originaltexten kann für die zweite Zusammenfassung die deutsche, französische oder russische Sprache gewählt werden. Es wird um Angabe des Kolumnentitels gebeten.

   Die Zahl der Abbildungen ist auf das unbedingt nötige Maß zu beschränken. Es wird gebeten, im Manuskript auszuweisen, an welcher Stelle des Textes die Abbildungen und Tabellen zu publizieren sind. Bei Abbildungsvorlagen, die die Satzspiegelgröße (16,9 cm × 23,8 cm) überschreiten, ist auf der Rückseite der Vorlage der Verkleinerungsmaßstab anzugeben. Kleinere Abbildungen sollten der Spaltenbreite (8,1 cm) in entsprechender Weise angepaßt werden. Die Legenden zu den Abbildungen sind auf ein gesondertes Blatt zu schreiben.

4. Im Interesse einer schnellen Veröffentlichung der Beiträge wird das Journal für Hirnforschung im Sofortumbruch hergestellt. Die Autoren erhalten deshalb lediglich eine Umbruchkorrektur. In den Korrekturabzügen können lediglich Wortkorrekturen angegeben werden.

5. Von jeder Originalarbeit werden kostenlos 80 Sonderdrucke geliefert.

6. Der Verlag behält sich das ausschließliche Recht der Vervielfältigung, der Verbreitung und der Übersetzung in fremde Sprachen innerhalb der gesetzliche Schutzfrist vor. Es ist ohne ausdrückliche Genehmigung auch nicht gestattet, Photokopien, Mikrofilme und dergleichen von dieser Zeitschrift oder von Teilen derselben herzustellen.

   Manuskripte nehmen entgegen:

   Professor Dr. J. Anthony, Museum National d'Histoire Naturelle, 55 Rue de Buffon, Paris V/Frankreich;
   Professor Dr. A. Hopf, Institut für Hirnforschung, 4 Düsseldorf, Himmelgeisterstr. 300;
   Professor Dr. W. Kirsche, Anatomisches Institut der Humboldt-Universität, 104 Berlin, Philippstr. 13;
   Professor Dr. J. Szentágothai, Anatomisches Institut der Universität Budapest, Tüzoltó ut 58, Budapest IX/Ungarn.

К сведению авторов

1. Принимаются только работы, освещающие область, публикуемая в данном журнале.

2. Статьи дложны быть научно ценными работами, освещающие новые и еще не опубликованные до сих пор результаты. Как правило, в журнале таких работ печатать нельзя, которые носят характерреферата или занимаются спекуляциями.

3. Рукописи должны представляться в готовой к печати форме: печатаные на машинке на одной стороне листа. Они могут быть написаны на английском, немецком или французском языках.
Желаемый навор курсивом должен быть маркирован подчеркиванием слов волнистой линией. Выдвижение отдельных слов набором вразрядку должно быть подчеркнуто в рукописи штрихованной линией; абзацы, для которых предусматривается мелкий шрифт, просим обозначить латинской буквой „p". Подстрочные примечания должны иметь сплошную нумерацию. Кроме принятого резюме просим приложить еще второе резюме на английском языке. В случае если оригинал будет представляться на английском языке, автор может писать резюме на немецком, французском или русском языках. Кроме того просим составить колонтитул.

   Количество иллюстраций следует ограничить на крайне необходимое число. Желательно отмечать в рукописи, в какое место в тексте следует включить иллюстрацию или таблицу. Оригиналы иллюстраций, формат которых переступает площадь набора (16,9 см × 23,8 см) должны носить на обороте масштаб уменьшения. Иллюстрации меньшего формата рекомендуем приспосабливать к ширине столбца. Объяснения под иллюстрациями должны быть составлены на отдельном листе.

4. В интересах немедленной публикации статей журнал ,,Journal für Hirnforschung" изготовляется безграночным способом, т. е., авторы получают только одну верстку. В корректурный оттиск могут быть внесены только корректуры слов.

5. От каждой оригинальной статьи автор бесплатно получает 80 отдельных оттисков.

6. Издательство оставляет за собой исключительное право размножения, распространения и перевода на иностранные языки в течение законного срока защиты авторских прав. Без категорического разрешения также не разрешается изготовление фотокопий, микрофильмов и т. п. от этого журнала или от частей его.

Рукописи принимают:

Prof. D. J. Anthony, Museum National d'Histoire Naturelle, 55 Rue de Buffon, Paris V/Frankreich;
Prof. Dr. A. Hopf, Institut für Hirnforschung, 4 Düsseldorf, Himmelgeisterstr. 300;
Prof. Dr. W. Kirsche, Anatomisches Institut der Humboldt-Universität, DDR-104 Berlin, Philippstr. 13;
Prof. Dr. J. Szentágothai, Anatomisches Institut der Universität Budapest, Tüzoltó utca 58, Budapest IX/Ungarn.

31205

FSC
www.fsc.org
MIX
Papier | Fördert gute Waldnutzung
FSC® C083411

Zeitfracht Medien GmbH
Ferdinand-Jühlke-Straße 7
99095 Erfurt, Deutschland
produktsicherheit@kolibri360.de